浙江财经大学重点教材建设项目资助

U0596016

简明Python教程

主　编　石向荣　张　帅
副主编　林　剑　郑胄强　徐　璇

ZHEJIANG UNIVERSITY PRESS
浙江大学出版社

图书在版编目(CIP)数据

简明 Python 教程 / 石向荣，张帅主编. —杭州：
浙江大学出版社, 2020. 5(2025. 1 重印)
ISBN 978-7-308-20168-1

Ⅰ. ①简… Ⅱ. ①石…②张… Ⅲ. ①软件工具 –
程序设计 – 教材 Ⅳ. ①TP311. 561

中国版本图书馆 CIP 数据核字(2020)第 068751 号

简明 Python 教程

主　编　石向荣　　张　帅
副主编　林　剑　　郑胄强　　徐　璇

图书策划　马海城
责任编辑　吴昌雷
封面设计　周　灵
出版发行　浙江大学出版社
　　　　　（杭州市天目山路 148 号　邮政编码 310007）
　　　　　（网址：http://www. zjupress. com）
排　　版　杭州晨特广告有限公司
印　　刷　浙江省邮电印刷股份有限公司
开　　本　787mm×1092mm　1/16
印　　张　15.75
字　　数　318 千
版 印 次　2020 年 5 月第 1 版　2025 年 1 月第 4 次印刷
书　　号　ISBN 978-7-308-20168-1
定　　价　55. 00 元

前　言

随着信息社会的到来,日新月异的新兴技术正在给社会生产和人民日常生活带来新变化。软件正在重新定义原有的社会秩序,传统行业受到信息化和智能化浪潮的冲击。人们不得不正视这样的问题,即怎样和信息技术融合才能提供更优质的产品和服务,从而在竞争中立于不败之地。同时,软件也改变着人们生活的方方面面,诸如购物、餐饮、出行、阅读、学习、支付等行为的模式,放眼今天的世界,已经和十多年前甚至几年前有着很大的不同。软件还输出了独特的文化,当人们评价一部电影时,也许会说"这个故事存在 BUG",意指情节不合理、有漏洞。"Talk is cheap, show me the code"(多说无益,放码过来)常用来表明一种价值观,即我需要的是代码这样的干货,而不是空谈阔论。如今,软件开发早已成为一个独立的社会分工,专门从事这一工作的人被称为程序员,你也许还看到过"程序猿、程序媛、攻城狮"这些略带俏皮的称谓,这是这个群体自嘲时贴上的标签,仿佛在向世人宣示,尽管他们的工作枯燥乏味,但是他们的内心依然热爱生活。

今天,越来越多的人相信,软件开发并非程序员的专利,而是像外语、办公软件和驾驶一样,正成为人们工作和生活中不可或缺的工具。不夸张地讲,软件开发能力是21 世纪的必备技能,很多人已经在考虑学什么和怎么学这些细节问题。然而在介绍这方面内容之前,笔者更愿意分享一些体会,即学好编程语言的"好处"。除了所谓的艺多不压身之外,笔者认为学好编程的确有额外的受益,有的甚至可让人受益终身。

一是学好编程语言,可以养成程序化和规范化的做事风格。生活中有很多事情是可以程序化及量化的。比如烧菜,在烧菜过程中,厨师要考虑油盐酱醋等用料的时机、配比、火候等事项。如果用料的顺序不正确,则会影响最终菜品的口味,然而很多人对此并不在意,他们宁愿自已做菜,也不希望被自动烧菜机取代,在他们的观念中,菜的口感是见仁见智的问题,没有所谓最优的标准,也无须关注他人的体验。但是编写代码则不同,一段代码好不好,有没有 BUG,性能是否足够优化,影响的是千百万人的体验,小则产品质量出现瑕疵,大则酿成重大安全事故,程序员的工作迫使他养成注重产品质量的习惯。经过持久的训练,程序员尤为重视程序化和规范化,并且把这种习惯带到生活当中。一个程序员也许没有炒菜机,但是当他开发新菜的时候,他倾向于遵从菜谱或者教程。

二是学好编程语言,可以培养严谨细致的做事风格。举一个小例子,在编码过程中,要求所有的逗号、括号、井号均为英文字符,输入代码时,稍有不慎,就会报告一连串的语法错误,初学者往往被搞得狼狈不堪。但此时一定要坚持,把每一次犯错作为自身积累和提高的宝贵财富。错误只会越调越少,不会越调越多。通过长期实践,反复查找各种类型错误,从中汲取教训,最终会让编程人员改掉粗枝大叶、粗线条的坏毛病,养成认真、细致、凡事先预判结果的习惯,诗云:"战战兢兢,如临深渊,如履薄冰。"一个好的程序员,永远不会觉得工作中更加严谨是多余的事。

在网络上流行这样一个"程序员笑话",妻子给当程序员的丈夫发了条信息:"下班顺路买一斤包子带回来,如果看到卖西瓜的,就买一个。"当晚,程序员丈夫手捧一个包子进了家门……妻子责问道:"你怎么就买了一个包子?!"丈夫答曰:"因为看到了卖西瓜的。"当然,这是一个让人会心一笑的段子,但足以说明一个道理:一个每天面对 … if … else … 这样语法的程序员已经形成了思维定式,他首先要判断一条语句(句子)是否完整,然后他会严格按照句子的逻辑产生输出。因此,和程序员交流时,严谨是必需的,不严谨是会出问题的。

三是学好编程语言,可以养成终身学习的习惯。俗话说,入门容易深入难。当编程任务变得复杂时,所需要用到的技巧和方法也更加多元,而一个人的知识储备总是有限的,因此谁也不敢说自己完全掌握了最优的设计框架和编码方案。编程不仅是技术,也是艺术,诚如文无第一一样,也可以说码无第一。幸运的是,互联网上集聚了大量的研习者,研习者聚集成网络社区,在社区里不乏有人会分享他们的观点甚至代码。因此只要投入足够的时间钻研,程序员就可以不断取得进步,并且从中获得乐趣,终身学习是贴在程序员身上的标签。

自从有高级语言以来,世界上的编程语言何止上百种,然而大浪淘沙,程序员用自己的键盘投票,在成百上千的编程语言中,有一批佼佼者名列 TIOBE 排行榜之前茅,TIOBE(The Importance Of Being Earnest,不可儿戏,https://www.tiobe.com/tiobe-index/)是著名的编程语言排行榜,本书所讲授的 Python 语言当前排名第三。Python

语言以优雅、简单、明确赢得了用户,并且适合于从未接触过编程的学习者。同时,Python 所能胜任的领域非常广,包括自动化运维、网络服务端、科学计算、可视化、人工智能在内的诸多方面,都活跃着 Python 的身影。

对于风靡全球的 Python 语言,初学者可能会问:我能否学会? 对于这个问题,笔者认为学习者大可不必怀疑,更不要有畏惧之心。不妨这样想:这不就是一种工具吗,别人能把它发明出来,我学会使用难道不是很自然的吗? 的确是这样的,一个能学会骑自行车、使用智能手机或者理解初等代数的人,只要付出一定的努力,就可以完全掌握 Python 的主要知识点,学习者要树立起这样的信心。当然,学习的过程必然是辛苦的,就如同学习其他任何编程语言或者其他任何知识一样。古人说:人之为学有难易乎? 学之,则难者亦易矣;不学,则易者亦难矣。对于学习 Python 语言而言,除了勤学苦练之外,还要掌握一些学习技巧,用好了可以事半功倍。

一是要善于利用官方文档、help 函数等权威资源把握函数方法等的准确定义和用法,虽然本教程以及其他教程中都会举出其中最重要的一些,但不可能面面俱到。

二是善于利用搜索引擎工具和网络社区查找问题的解决方案,Python 是发展得非常成熟的编程语言,绝大多数情况下,你所遇到的问题,其他先行者也已经遇到过,并且在网络上已经留有解决方案。因此,提炼出描述问题的好的关键词,通过网络进行学习是一个好的办法。

三是学会调试程序,本书第 4 章将讲述程序调试相关的内容。

除了以上几点,还包括精研教程中的代码,本教程的代码均在 Thonny(Python 3.7.6)上测试通过。在测试书中代码的时候,注意不要像打字员一样将代码从最前面一字不差地搬运到电脑上,好的方式是先读懂示例代码,理解其中的逻辑,再根据理解形成记忆,最后在自己的电脑上输入代码并加以验证。相信大家通过一段时间的持续学习,都能初步学会 Python,就让我们上路吧!

作者

2020 年 3 月

目　录

第1章　程序设计基础知识 ……………………………………………… 1

1.1　计算机的工作原理 …………………………………………… 1

1.2　低级语言与高级语言 ………………………………………… 2

1.3　编译型和解释型 ……………………………………………… 4

1.4　关于 Python 语言 …………………………………………… 4

1.5　编程环境 ……………………………………………………… 6

本章要点 …………………………………………………………… 7

思考与练习 ………………………………………………………… 7

第2章　Python 基础语法 ………………………………………………… 8

2.1　语　句 ………………………………………………………… 8

2.2　关键字 ………………………………………………………… 9

2.3　标识符 ………………………………………………………… 10

2.3.1　命名规范 ………………………………………………… 10

2.3.2　意义和风格 ……………………………………………… 11

2.4　数据类型 ……………………………………………………… 12

2.4.1　整数 int ………………………………………………… 12

2.4.2　浮点数 float …………………………………………… 15

2.4.3　复数 complex …………………………………………… 16

2.4.4　字符串 str ……………………………………………… 17

2.4.5　布尔值 bool ……………………………………………… 18

2.4.6　空值 None ································ 19

2.5　运算 ··· 19

2.5.1　算术运算 ······························ 19

2.5.2　逻辑运算 ······························ 21

2.5.3　字符串的运算 ······················ 22

2.5.4　比较运算 ······························ 23

2.5.5　运算符 in 和 is ···················· 24

2.6　类型转换 ······································· 25

2.7　赋值语句 ······································· 26

本章要点 ·· 28

思考与练习 ·· 28

第 3 章　认识简单的程序 ······················ 31

3.1　从 hello，world 出发 ·················· 31

3.2　初识 map 函数 ···························· 33

3.3　使用 eval 函数 ···························· 34

3.4　字符串格式化 ······························ 35

3.5　Python 的语句块 ························· 36

3.6　注释和续行 ·································· 37

3.7　美化程序 ······································· 38

本章要点 ·· 39

思考与练习 ·· 39

第 4 章　程序结构和调试 ······················ 41

4.1　分支结构 ······································· 41

4.1.1　简单的 if 语句 ····················· 42

4.1.2　带分支的条件语句 ················ 42

4.2　循环结构 ······································· 44

4.2.1　使用 range 函数 ·················· 45

4.2.2　for 循环 ······························ 47

4.2.3　break 语句 ·························· 50

4.2.4　while 循环 ·························· 52

4.2.5　continue 语句 ···················· 53

4.3　循环的典型应用 ··························· 56

　　　4.3.1　汇总型循环 ································· 56

　　　4.3.2　发现型循环 ································· 57

　　　4.3.3　将一维数据矩阵化 ························· 58

　4.4　断言和捕获程序错误 ····························· 59

　4.5　程序的调试 ··································· 62

　　　4.5.1　语法错误 ································· 62

　　　4.5.2　运行时错误 ······························· 62

　　　4.5.3　语义错误 ································· 63

　　　4.5.4　使用集成开发环境调试程序 ··············· 63

　本章要点 ······································· 64

　思考与练习 ····································· 64

第 5 章　函数和模块 ··································· 68

　5.1　用户定义的函数 ······························· 68

　5.2　未具名的函数:匿名函数 ························· 74

　5.3　函数的递归调用:递归函数 ······················· 75

　5.4　了解模块 ··································· 77

　5.5　数学模块 math ································· 79

　5.6　随机数模块 random ····························· 82

　5.7　时间模块 time ································· 86

　5.8　系统和操作系统模块 sys、os ····················· 87

　5.9　自定义模块 ································· 88

　本章要点 ······································· 89

　思考与练习 ····································· 89

第 6 章　字符串 ··································· 91

　6.1　字符串的运算和成员检查 ························· 91

　6.2　len、max 和 min 函数 ····························· 92

　6.3　对字符串元素的索引 ····························· 93

　6.4　对字符串元素的切片 ····························· 94

　6.5　对字符串进行遍历 ····························· 95

　6.6　字符串方法 ································· 96

　　　6.6.1　联合 join 和分割 split 方法 ··············· 97

　　　6.6.2　查找 find 方法和字符串解析 ··············· 98

本章要点 ·· 99

思考与练习 ·· 99

第 7 章 列表和元组 ·· 102

7.1 认识列表 ·· 102

7.2 作为可变对象的列表 ·· 103

7.3 列表的增删改操作 ·· 104

　　7.3.1 列表的运算和成员检查 ································ 104

　　7.3.2 列表的增操作 ··· 105

　　7.3.3 列表的删操作 ··· 106

　　7.3.4 列表的改操作 ··· 106

7.4 列表的方法 ··· 108

7.5 遍历列表 ·· 109

7.6 列表的复制:深拷贝和浅拷贝 ································ 110

7.7 列表推导式 ··· 112

7.8 认识元组 ·· 114

7.9 生成器表达式 ··· 116

本章要点 ··· 117

思考与练习 ·· 117

第 8 章 字典和集合 ·· 120

8.1 认识字典 ·· 120

　　8.1.1 字典的创建 ·· 122

　　8.1.2 字典的访问 ·· 123

　　8.1.3 字典的编辑 ·· 124

8.2 集合的创建 ··· 127

8.3 集合的运算 ··· 127

8.4 集合的方法 ··· 128

本章要点 ··· 129

思考与练习 ·· 129

第 9 章 深入认识函数 ·· 132

9.1 参数传递的本质 ·· 132

9.2 位置参数 ·· 136

9.3 关键字参数 ··· 136

9.4　默认值参数 ……………………………………………………… 137

9.5　参数收集 ………………………………………………………… 139

9.6　参数拆包 ………………………………………………………… 140

9.7　高级函数 ………………………………………………………… 142

　　9.7.1　reduce 函数 ……………………………………………… 143

　　9.7.2　filter 函数 ………………………………………………… 144

　　9.7.3　sorted 函数 ……………………………………………… 144

　　9.7.4　zip 函数 …………………………………………………… 146

本章要点 ……………………………………………………………… 146

思考与练习 …………………………………………………………… 147

第 10 章　Python 拾珍 ………………………………………………… 149

10.1　使用 enumerate 函数枚举对象 ……………………………… 149

10.2　使用 product 函数扁平化循环 ……………………………… 150

10.3　使用 any/all 函数替代循环 ………………………………… 151

10.4　使用 exec 函数 ……………………………………………… 152

10.5　字典和集合推导式 …………………………………………… 153

10.6　可迭代对象与迭代器 ………………………………………… 153

10.7　生成器表达式和函数式生成器 ……………………………… 155

10.8　迭代工具模块 itertools ……………………………………… 159

本章要点 ……………………………………………………………… 162

思考与练习 …………………………………………………………… 162

第 11 章　面向对象的程序设计 ……………………………………… 164

11.1　类的定义和实例化 …………………………………………… 165

11.2　更复杂的类和实例 …………………………………………… 167

11.3　对内部数据的封装 …………………………………………… 169

11.4　类变量 ………………………………………………………… 171

11.5　继　承 ………………………………………………………… 173

11.6　魔法方法 ……………………………………………………… 175

　　11.6.1　__repr__ 方法 ……………………………………… 176

　　11.6.2　__add__ 方法 ……………………………………… 176

本章要点 ……………………………………………………………… 178

思考与练习 …………………………………………………………… 178

第 12 章　数值计算模块 Numpy ……………………………………… 180

　12.1　多维数组 ndarray 的创建 …………………………………… 180

　　12.1.1　使用 array 函数 ……………………………………… 181

　　12.1.2　自动生成数组 ………………………………………… 183

　　12.1.3　使用 reshape 方法重塑数组形状 …………………… 185

　　12.1.4　Ndarry 的属性 ……………………………………… 186

　12.2　索引和切片 …………………………………………………… 187

　　12.2.1　一维数组的索引和切片 ……………………………… 187

　　12.2.2　多维数组的索引和切片 ……………………………… 189

　　12.2.3　使用布尔值进行索引 ………………………………… 191

　　12.2.4　魔法索引 ……………………………………………… 193

　12.3　数组的运算 …………………………………………………… 194

　12.4　Numpy 模块中的通用函数 ………………………………… 197

　　12.4.1　一元运算函数 ………………………………………… 197

　　12.4.2　二元运算 ……………………………………………… 198

　　12.4.3　where 函数 …………………………………………… 199

　12.5　其他方法和函数 ……………………………………………… 199

　　12.5.1　统计方法和计算的轴向 ……………………………… 199

　　12.5.2　sort/unique 方法 …………………………………… 201

　　12.5.3　线性代数函数、方法和子模块 ……………………… 202

　　12.5.4　随机数子模块 ………………………………………… 204

　　12.5.5　arg 系列方法（函数） ……………………………… 205

　　12.5.6　存盘和载入 …………………………………………… 207

　12.6　为何需要数组? ……………………………………………… 207

　本章要点 …………………………………………………………… 208

　思考与练习 ………………………………………………………… 208

第 13 章　数据可视化模块 Matplotlib ……………………………… 211

　13.1　常用绘图函数 ………………………………………………… 211

　　13.1.1　简单绘图 ……………………………………………… 212

　　13.1.2　绘制子图 ……………………………………………… 214

　　13.1.3　设置 rc 参数 ………………………………………… 216

　13.2　特色绘图 ……………………………………………………… 216

13.2.1　散点图 ……………………………………… 216

13.2.2　气泡图 ……………………………………… 219

13.2.3　折线图 ……………………………………… 221

13.2.4　条形图 ……………………………………… 225

13.2.5　直方图 ……………………………………… 228

13.2.6　饼　图 ……………………………………… 231

13.2.7　箱线图 ……………………………………… 232

本章小结 ……………………………………………… 233

思考与练习 …………………………………………… 233

参考文献 ……………………………………………… 235

附录 …………………………………………………… 236

第 1 章
程序设计基础知识

要使用计算机为人类服务，就必须在人类的思维和计算机的底层工作模式之间建立通路。计算机编程语言正是连接这一通路的桥梁。然而在正式开始学习程序设计的基础语法之前，有必要了解计算机的基本组成、不同层次的编程语言的特点和类型。在了解这些知识的基础上，才能更好地掌握程序设计的逻辑和精髓。

1.1　计算机的工作原理

计算机诞生之前，人们在计算的精度和数量上出现了瓶颈，对于更高精度和更大规模计算的需求十分强烈。1946 年 2 月，在美国宾夕法尼亚大学诞生了人类第一台通用计算机 ENIAC。现代计算机遵循冯·诺依曼机体系结构，这种结构的计算机由五大部件构成，即运算器、控制器、存储器、输入设备和输出设备，如图1-1 所示。

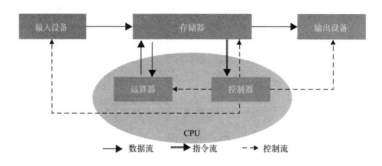

图 1-1　计算机的五大组成部件

图 1-1 中运算器和控制器构成了计算机的核心部件——中央处理器(Central Processing Unit, CPU)。控制器是整个计算机的指挥中心，它根据预先编好的程序依次从存储器中取出各条指令，放在指令寄存器中。再通过指令译码器进行译码，确定该进行什么操作，然后向运算器、存储器等具体部件发出控制信号，使各部件自动而协调地完成指令所规定的操作。当一条指令完成后，再从存储器中取出下一条指令，并照此重复执行，这就是计算机的完整运转流程。

冯·诺依曼体系结构的革命性贡献在于"存储程序"的思想，就是把程序看成一种特殊的数据，且将之存储于内存中。如此，计算机就可以通过访问内存地址来取得程序，从而程序运行的整个链条（读取->分析->执行->读取下一条）自动化地运作起来了。

存储器作为五大组成部件之一，是指内存（Memory），而非外存储器（Storage）。CPU 可以直接访问内存，但是内存存在断电之后信息不能保存的缺点，因此个人电脑一般都配置了较大容量的外存，包括磁盘、U 盘等，用于持久地保存信息。

那么计算机为什么不直接在外存中运行程序呢？这是由于存储介质的特性所致，CPU 访问磁盘比访问内存慢了上百倍甚至更多。因此，操作系统通过分页等方式构建虚拟存储系统，综合内存和外存的优势，使得 CPU 访问外存的速度达到接近于访问内存的速度，并且程序的虚拟地址空间大于实际物理内存。人们编制完成的程序最初保存在外存中，当运行程序时，首先被载入内存，再被语言处理程序分析和处理。

1.2　低级语言与高级语言

指令在内存中是用二进制数 0、1 表示的，那么我们编程的时候是否要用 0 和 1

来完成编码呢？早期的确如此，人们对程序中所涉及的指令、寄存器、数等要素进行编码，以得到对应的二进制形式。

所谓编码，就是用一定长度的二进制数来表示有限范围内的对象，以满足计算机存储和传输的需要。不仅数字、西文字符、中文字符须要编码，就连图形、图像、音频、视频这些多姿多彩的信息在计算机中也是用二进制数表示的。著名的ASCII(American Standard Code for Information Interchange)表就是对西文字符编码的方案。举例而言，字符 A 被表示为 1000001，而字符 a 被表示为 1100001，两者都是 7 位二进制数，ASCII 表共表示了 128 种不同字符，字符正是因为有了编码，才能在计算机内部实现存储和传输。

对于程序的指令而言也是如此，假设某款 CPU 具有 100 种不同的操作（指令），则至少需要 7 位二进制数才能编码这 100 种操作，这是因为 7 位二进制数构成的状态为从 0000000 到 1111111，共2^7，即 128 种，可编码 128 种操作，大于 100 这一数值。若再少一位，2^6小于 100，则不能编码全部 100 种操作。同理，如果 CPU 共配有 20 个寄存器，则需要至少 5 位二进制数（2^5等于 32，32 大于 20）才能实现对这些寄存器的完全编码。由编码的操作、寄存器、数等构成了指令，由若干条指令构成了程序。

直接用二进制表示的程序形式，称为机器码，机器码是计算机唯一可识别的程序形式，形如下列代码：

```
1011 0000 1010 1111
0100 0101 1010 1110
```

但是，这种二进制形式的代码，非常不方便阅读、理解和修改，因此人们开始采用易于理解和记忆的助记符(Mnemonic)来代替晦涩的二进制表示，形成了汇编语言，形如：

```
ADD R0, 8
JMP 0x1000
```

上列用汇编语言编写的代码，共两条指令。第一条表示：将寄存器 R0 中的值和 8 相加，并且把结果保存在寄存器 R0 中。第二条表示：程序跳转到内存地址 0x1000 处继续执行。

一般称用助记符表示的汇编语言为低级语言。所谓低级，是指从逻辑上来看，汇编语言更接近 CPU 的底层操作。正是因为接近 CPU，其运行效率反而是最高的，因此低级语言不等同于低效语言。但是由于汇编语言对应指令级操作，因此一个在高级语言中不复杂的函数，到了指令层面，就需要组合大量的代码才能完成，繁琐的代码实现非常不利于软件的大规模实施。实际上，当前极少有应用是基于汇编语言开发的。

在软件开发需求的推动下，大量高级语言登台亮相，包括耳熟能详的 Basic、Pascal、C、C++、Java、Python 等，有些兴起过，然后又消沉了，有些至今还活跃在开发者社群中。这些高级语言对底层细节进行封装与优化，提供了性能优良的内置函数，以及模块、类、数据结构等高层次的抽象，这些高层次的抽象使得用户编写程序时免去了重复制造轮子的繁琐过程，开发程序本身的成本降低了。同时，高级语言在风格上也更加接近人类的的自然语言，学习软件开发的门槛降低了。旧时王谢堂前燕，飞入寻常百姓家。高级语言的产生和发展，极大助推了软件业的发展，在这种潮流推动下，软件开发不再是专业人士的秘辛，而是大众可以驾驭的工具。

1.3　编译型和解释型

计算机底层只能识别并执行 0、1 序列的机器码，这意味着所有经由高级语言编写的程序，最终都要以某种方式转换成 0、1 序列的机器码，才能被 CPU 运行。将代码转换为机器码的方式可分为编译和解释两种。

编译型：运行前先由编译器(compiler)将高级语言代码编译为对应机器的 CPU 指令，再由汇编器(assembler)汇编为目标机器码，生成可执行文件，用户运行生成的可执行文件。代表性语言为 C/C++。

解释型：在运行时由翻译器(translator)将高级语言代码翻译成易于执行的中间代码，并由解释器(interpreter)逐一将该中间代码解释成机器码并执行。代表性语言为 JavaScript、Python、Ruby 和 Perl 等。

编译的过程类似于自然语言翻译中的笔译，而解释的过程类似于口译。编译模式中，翻译过程和机器的理解过程是独立的，而解释模式中，翻译过程和理解过程是一体的。这一差异造成的一个事实是：解释型的语言在执行速度上比编译型要慢。

1.4　关于 Python 语言

1989 年圣诞节，"龟叔"Guido Van Rossum 使用著名的 C 语言编写了 Python，Guido 1956 年生于荷兰，是 Python 程序设计语言的最初设计者及主要架构师。在 Python 社区，Guido 长期被看作 Benevolent Dictator For Life(BDFL)，意思是他仍然关注 Python 的开发进程，并在必要的时刻做出最终裁决。2018 年 7 月，他宣布不再担任 Python 社区的 BDFL。

2009 年，Python 推出 3.0.1 版本，Python 3.0.1 以后的各个版本统属于 Python 3。因为 Python 3 相对于 2 有较大变革，它并不完全兼容 2，因此 Python 3 和 Python 2 堪称两种不同的语言。时至 2020 年，Python 3 已发展得相当成熟，新手学习 Python 再无理由选择 2。本教程选用当前较新的 Python version 3.7.6 为编码环境进行讲解。

Python 语言有很多优点，Guido 给 Python 的定位是优雅、明确、简单。Python 提倡这样编码风格，尽量写少量的代码，尽量写易于理解的代码。它擅长用简洁的代码实现复杂的功能，"人生苦短、我用 Python"是程序员社区称道 Python 的赞词。正如同 Python 的本义——蟒蛇所寓意的一样，Python 因吞吐量大而出名。在开发软件的时候，常常有这样的情况：要实现某一功能，使用其他编程语言需要 20~30 行代码甚至更多，而使用 Python 语言只需 3~5 行代码即可解决。此外，Python 还有着免费、开源、跨平台的优点，它支持丰富的数据结构，支持面向对象编程，支持丰富的扩展模块。

Python 能胜任大量的应用场景，包括数据分析和可视化、自动化运维、机器学习、自然语言处理、网络爬虫、Web 服务端开发、嵌入式开发等，被誉为全栈式(full stack)编程语言。许多知名企业如谷歌(Google)、雅虎(Yahoo)甚至美国航空航天局(NASA)都大量使用 Python，另外豆瓣、YouTube、Instagram 等互联网平台也使用 Python 开发服务端程序。

当然，世界上没有十全十美的编程语言，Python 不可能囊括编程语言所有的优点，它也有一些被诟病之处，最主要的就是作为解释型语言，运行速度偏慢，尤其是和编译型的 C 语言对比，Python 程序在运行速度上的差距明显。

但是尺有所短寸有所长，很多情况下，人们并不在意它的"慢"，反而欣赏它的"快"，"快"指的是使用 Python 的开发速度。由于 Python 具有灵活的数据结构和丰富的扩展模块，因此编程过程更加方便快捷，使用 Python 能够比使用其他语言更迅捷地完成开发任务。

另一方面，并非所有场合用户都需要程序具有较快的运行速度。例如，开发任务是编写一个软测量程序，程序根据所采集的数据建立模型，并且依据模型输出关键指标的预测值。为了保持模型的有效性，须要周期性地更新建模数据。假设建模数据的更新频度为 2 小时/次，在此情形下，建立模型所耗损的时间是 200 毫秒还是 2 毫秒就关系不大。再如，须要编写程序将某文件夹下的 300 个文件内容合并，并写入一个新文件，此任务的时间消耗主要发生在对磁盘的读写操作上，跟硬件相关，而跟编程语言关系不大，假设读写操作费时 2 秒，那么另外的辅助部分是 300 毫秒还是 3 毫秒，对用户而言也就不那么重要。

以上两种场景，第一种我们称为非高频的操作，用户对程序运行速度不敏感，第二种称为非瓶颈任务，程序运行所耗费的时间不是影响总时间的决定性因素，同样使得用户对程序运行速度不敏感。因此，Python 虽然背负了解释性程序慢的缺陷，依然在多种场合中有着广泛的开发需求。

1.5　编程环境

本书推荐初学者使用一款轻型 IDE（Integrated Development Environment，集成开发环境），名为 Thonny。Thonny 意为 a sly fox，即狡猾的狐狸。这款软件由爱沙尼亚 Tartu 大学开发，读者可以在 Thonny 的官网 https://Thonny.org/下载并安装适合你的操作系统的版本。Thonny 自带较新版本的 Python 解释器，因此无须预装 Python，它不是一个外壳。Windows 环境下，Thonny 安装成功后界面如图 1-2 所示：

图 1-2　Thonny 开发环境

Thonny 开发环境的主体包括上下两部分，上方为文件方式的编码区，适合编写篇幅较长、需要持久保存的程序。程序的.py 源文件可以被打开、修改、保存，总之可以反复多次使用。

下方为交互式环境 Shell，在提示符>>>之后可以输入一行或多行代码，以回车结束输入后，代码的运行结果或者变量的值会立刻呈现。Shell 环境适合输入少量的、简单的语句，和调试场景下零星地使用。由于所输入代码没有存入文件，因此已执行的部分无法保存，也无法供以后继续使用。

除 Thonny 外，还有一些开发环境值得推荐，在 Windows 系统下包括：Python 原装的 IDLE、JetBrains 公司出品的 PyCharm、微软公司推出的 Visual Studio 以及 Anaconda 的 Spyder 和 Jupyter Notebook 等。

本章要点

1. 计算机的五大组成部件：运算器、控制器、存储器、输入设备、输出设备。
2. 低级语言和高级语言：低级语言接近 CPU，运行效率高编码效率低，而高级语言接近自然语言，运行效率低编码效率高。目前大部分程序员使用高级语言进行软件开发。
3. 编译型和解释型语言：编译型语言存在单独的编译过程，解释型语言一边翻译一遍执行，Python 属于解释型语言。

思考与练习

1. 解释冯·诺依曼计算机的五大组成部件及计算机内部数据流、指令流的流向。
2. 阅读本章内容，并结合网络检索，理解高级语言和低级语言的区别。
3. 阅读本章内容，并结合网络检索，理解解释型语言与编译型语言的区别。
4. 登录 Python 的官方网址：https://www.python.org/，在站内找到官方文档所在页面。
5. 登录 Thonny 官网，下载并安装适合你操作系统的最新版软件。
6. 测试 Thonny 的编程环境。
    a)　在 Shell 中输入 print("Hello, world")并回车，观察程序输出。
    b)　新建脚本文件，在新建的空文件中输入 print("Hello, world")，并将文件保存到磁盘某文件夹下，起名为 1st.py，运行该程序，观察程序输出，完成后关闭该文件。
    c)　重新打开 1st.py 文件，修改 print 函数的参数内容，保存并再次运行该程序。

第 2 章
Python 基础语法

Python 具有丰富的语法特性，这是其灵活性的来源。本章介绍包括语句、关键字、标识符、数据类型、运算等在内的基础语法知识，其他高级语法特性在后续章节介绍。当然，全书的内容不可能涵盖 Python 语言的每一个语法细节。对学习者而言，在掌握了最基础和最常用的语法知识以后，就具备了一边编码一边学习的能力。另外，正如人类语言的语法一样，Python 的语法也处于不断的发展变化过程之中，未来某个新版本可能会包含新的语法要素，这种变迁完全可能使得当前的主流用法在未来成为不建议用法。本章以版本 3.7.6 为例，介绍最基础的语法知识。

2.1 语 句

在 Python 语言中，语句是 Python 解释器执行的基本对象，程序由一条条语句组合而成。语句一般是一种操作，这种操作可以是对函数的调用，也可以是以条件判断为特征的分支语句，也可以是多次重复执行的循环语句，甚至可以什么都不做。

一般将一条语句写在一行，行尾无须使用分号分隔。当将多条语句放置在一行时，中间用分号隔开，如：

```
a = 3; b = 5; c = a + b
```

上列三条均为均为赋值语句，但将其合并在一行的写法并不提倡，除非满足以下条件：（1）这些语句很短促；（2）这些语句风格很相似；（3）须要节省代码的行数以满足特殊的需求（例如打印在一页纸上）。

语句一般自上而下顺序执行，在同一行中自左而右执行。当遇到表示分支的 if 语句，或表示循环的 for、while 等语句时，顺序执行的规律才被打破。

小提示

程序中所输入的所有字符，包括
- 分号；
- 冒号：
- 小括号()
- 逗号，

等都必须为英文字符状态的，除非这个输入是在字符串中或#引导的程序注释中，这是初学者须要注意的细节。

如果什么都不做，可使用 pass 语句。为什么有这样"什么都不做"的需求呢？这往往是在设计函数或类等对象的过程中，临时性地使用 pass 填充在函数体或类体的位置，以保证语法上合规，待构思成熟之后，再用真正的语句将其取代。

2.2　关键字

任何高级编程语言中，都有一些特殊的字符组合，它们已经被系统定义，具有特定的含义，不能再被编程人员挪作它用，这些特殊的字符组合称为关键字，或保留字。

Python 中也不例外，Python 3.7.6 中共有 35 个关键字。可以在 help 函数派生的环境下输入 keywords 查询。第一步，在 Shell 中输入：

```
>>> help()
```

然后在 help>子环境下输入：

```
help> keywords
```

可得以下清单：

False	class	from	or
None	continue	global	pass
True	def	if	raise
and	del	import	return
as	elif	in	try
assert	else	is	while

```
async        except        lambda        with
await        finally       nonlocal      yield
break        for           not
```

在给变量或函数命名时，要注意避开这些关键字。这些关键字有何种应用？后续的章节将介绍当中的绝大部分。

2.3 标识符

2.3.1 命名规范

标识符是用于标识简单变量、函数、列表、元组、集合、字典等对象名称的字符串。Python 中标识符命名规则有：

1. 不能是关键字。

2. 首字符必须是字母或下划线，虽然也可以是汉字，但不建议。

3. 其余部分可以是字母、数字和下划线，虽然也可以是汉字，但不建议。

4. 区分大小写，即 a1 和 A1 为不同的名字。

5. 不建议前后均为下划线，因为前后均为下划线的标识符通常为系统变量。
    标识符作为变量或者函数的名字，建议选用有意义的单词、单词缩写或单词组合。以下是正确的标识符：

Age、age、_var、book_name

以下是错误的标识符：

● if   #违反了规则 1，if 是关键字

● 6var   #违反了规则 2，首字符不能是数字

● bir th、var^、sno#   #这三个名字含有空格、^、#，都违反了规则 3

除了保留字不能用作变量名之外，还有一些系统函数，尽管作为变量名不会立刻产生语法错误，但可能会引发后续的异常，例如：

```
>>> sum = 1
>>> total = sum([1,2,5])
```

```
Traceback (most recent call last):
  File "<pyShell>", line 1, in <module>
TypeError: 'int' object is not callable
```

第 1 行使用 sum 作变量名并且赋值为 1，这一行看似没有问题，但是第 2 行接着调用系统函数 sum 时，由于 sum 已经重新指向整数 1，此时报告 TypeError。

如果程序中没有对 sum 函数的调用，这个错误也就永远不会发生。因此，将 sum 赋值为 1，不是说犯了语法错误，而是悄悄改变了 sum 的指向。大多数情况下，这个切换不是用户所期望的，因此，还是要注意，不要使用系统函数作为变量名。幸运的是，对于多数的 IDE 环境，例如 Thonny，会自动语法高亮系统函数，这也是对用户友好的提示。

2.3.2 意义和风格

给对象命名除了要符合规范，还要有一定的意义。有意义的变量名有助于人们对程序的理解和调试，如用 student_name 表示学生姓名，用 last_value 表示上一次的值。这样的变量名比 abc，ooo 等更能让人理解。

编程实践中，作为惯例，常使用 i，j，k 表示循环计数，count 表示计数的总数，total 表示和，flag 表示标志位，tmp 表示中间结果，_ 表示在循环体内用不着的循环变量，result 或 rst 表示结果。

编程实践中，还应该注意掌握统一的命名风格，好的风格会使代码更加整洁、可读性提高，是良好编程习惯的体现。

从风格来看，student_name、last_name 这种以下划线连接的标识符是其中一种，称为蛇形命名法。

此外，还可以写成 studentName，lastValue 的形式，这种风格要求第一个单词全部小写，之后的单词仅首字母大写其余小写。这样，部分突起的大写字母形如骆驼的驼峰，该风格称为驼峰命名法。

作为变量的名字，我们一般不将首字母大写，因为首字母大写的名称习惯地用于命名类（类是面向对象程序设计中的概念，本书第 11 章将讲述）。

尽管 Python 支持中文变量名，但一般不建议这样做，因为并非所有的编辑器都对中文友好，也不太符合程序员的主流使用习惯。

2.4　数据类型

数据是构成指令的重要要素。在计算机科学中，数据的概念比我们日常所认知的更为广泛。在日常印象中，似乎只有学生的成绩、工人的工资等是数据，而在程序设计语言中，除了这些以外，诸如学生的姓名、性别、籍贯也被看成数据。而前者学生的成绩、工人的工资称为数值型数据，学生的姓名等称为非数值型数据，后者可以用字符串来表示。Python 支持丰富的数据类型，粗略地讲可分为简单类型和容器类型，其中简单类型又包括整数、浮点数、复数、布尔值等。

2.4.1　整数 int

int 表示 integer，即整数类型。整数是最常见的数据类型，表示一个整数最常见的方法是将其书写成 10 进制阿拉伯数字形式，例如：1、0、-3000 是整数。Python 中几乎可以处理任意大小的整数。要做到这点并不容易，因为在底层，最大以及最小整数的表示受制于系统的字长。在某些高级语言中，整数的可表示范围通常是以 0 为中心，左右对称的一块较大区域。然而，Python 在内部使用了弹性可延展的机制，使得即使运算的结果溢出了系统的 maxsize，也能无缝地拓展，这种拓展上层用户感知不到，也无须关心。下面的代码展示了一副扑克牌可能呈现的排列数（这是一个非常庞大的数字，如果使用其他高级语言，即使只要将这个数字正确地呈现，处理起来也十分棘手）：

```
>>> import math
>>> math.factorial(52)
80658175170943878571660636856403766975289505440883277824000000000000
>>> len(str(math.factorial(52)))
68
```

这段演示代码使用了交互式环境 Shell。第 1 行使用 import 语句导入 math 模块，math 表示数学 mathematic，是一个包含多种数学函数和变量的内置模块。借助这个模块，我们才能使用其中的求阶乘函数 factorial。

第 2 行调用 math 模块中的 factorial 函数，用于求 52 的阶乘。由于 factorial 函数不属于 Python 的内置函数，而属于 math 模块，因此调用时应冠以"math."，这种调用方式称为点语法。

在交互式环境中，解释器将计算所输入表达式的值并打印输出结果。但在.py

文件中，如果运行本行代码，则不会产生输出，因为这行代码只要求解释器计算表达式的值，并没有要求输出结果。文件环境下带打印输出可使用 print 函数，形如：

```
print(math.factorial(52))
```

如果希望获取该函数相关的提示，可以运行：

```
>>> help(math.factorial)
```

可以看到如下核心提示：

```
Find x!.
Raise a ValueError if x is negative or non-integral.
```

第 3 行（指代码 len(str(math.factorial(52)))所在的行，本书约定 Shell 环境下行数的计数从 1 开始，只考虑代码，不考虑输出）计算了一个十进制数转为字符串之后的长度，即这个整数的位数。str 函数将数值转变为字符串，len 函数获取字符串的长度 length。这一行代码也展现了函数的复合调用，函数的概念将在本书第 5 章讲述。

小技巧

在上列的三行Shell代码中，注意到第3行和第2行有不少相同的部分，这时候为了快捷完成输入，可使用向上的方向键。

当使用一次向上方向键时，Shell自动载入上一次输入，在此基础上补充头部和尾部的字符串，相对于重新输入一遍更为便捷，代码也更可靠。

可以多次使用向上和向下方向键，Shell将呈现历史运行记录。

当Shell环境中已输入多行代码，界面显得凌乱时，可以使用ctrl+l组合键清空Shell环境。

计算机中数的存储和传输都采用二进制形式，由于八进制、十六进制数可以很便捷地与二进制数进行交换，因此可以看作是二进制数的近亲。Python 中可以用 0b 或 0B 为前缀表示二进制数，以 0o，0x 为前缀可表示八进制、十六进制数。这当中 b 表示 binary，o 表示 octal，x 表示 hexadecimal。

```
>>> t = 1101, 0b1101, 0o1101, 0x1101, 0xaB
>>> t
(1101, 13, 577, 4353, 171)
```

上列代码第 1 行为赋值语句，右边 5 个值用逗号隔开，表示这 5 个值构成了元组（一种容器数据类型）。第二个值 0b1101 为 4 位二进制数，由高到低各位的权重分别为2^3，2^2，2^1，2^0，即 8421，因此 0b1101 的值为 1*8 + 1*4 + 0*2 + 1*1，即 13。

　　对于十六进制表示的数，需要 16 个符号。因此，除了前十个 0~9 与十进制相同外，在其后增补了 a~f 分别表示 10~15。因此，最末尾元素的值为 10*16 + 11，即 171。

　　对于较大的整数，人们在日常书写时习惯用逗号分隔，形如 a = 12,345,000。但是 Python 将其理解为三元元组(12, 345, 0)，逗号分隔构成元组是 Python 的语法特性。这一"意外"提醒我们，在编程时，要时刻警醒，注意区分：什么是我们的日常习惯，什么是计算机的内部逻辑，从而养成严谨的编码习惯，这种严谨只有通过不断地编程->犯错->总结->提高来练成。

　　对于较大整数，Python 支持用下划线分隔数的表示方法，如：a = 12_345_000，表示值 12345000。

　　使用 type 函数，以变量名或值为参数可以获得其类型。使用 id 函数，以变量名或值为参数可以获得其所对应的内存地址。

```
>>> a = 5
>>> type(a)
<class 'int'>
>>> id(a)
1762777328
>>> b = 5.0
>>> type(b)
<class 'float'>
>>> id(b)
18221712
```

　　日常，人们会认为 5 和 5.0 本质相同，但在 Python 中要注意区分，Python 语法将这两者看成不同的类型，当然也就是不同的数据。通过上面的代码片段，我们还可以发现，Python 区分对象的类型，是通过辨别其值的形态来达成的。若输入 c = "1"，c 就是字符串，而输入 c = 1 时，c 就是整数。

知识点

使用 id 函数所获取的内存地址并不是真实的物理地址，而是所谓的虚拟地址。

现代操作系统中，使用容量大、单位容量价格低、访问速度慢的磁盘和容量小、单位容量价格高、访问速度快的内存联合构成虚拟存储系统，通过分页的方式以及主存外存间的页面交换，获得比物理内存更大的虚拟存储空间，同时达到接近主存速度的整体访问速度。因此，在程序中对象的地址均指虚拟空间的地址。程序员并不需要关注其所在的真实物理地址。

2.4.2　浮点数 float

float 有浮动、漂移之义，所谓浮点，是指小数点的位置不似整数那样固定地处于数值的末尾。例如二进制数 11.01、0.0011 它们都包含小数点，但是位置不确定。Python 中可表示的浮点数的范围是有限的(没有设置类似表示大整数那样的机制)，这个范围受制于操作系统的字长，毕竟浮点数的使用远没有整数频繁。当计算的结果超出 float 所能表示的最大范围（以正数的最大范围为例）时，程序会报告 OverflowError，即溢出错误。有趣的是，正的浮点数还存在最小值，因为用有限的位宽，其所能表示的数的数目是有限的，也就是其最小的分辨度是确定的，当一个极小的正数小于其分辨度时，Python 会将其近似为 0，因而不会报溢出错误。

此外，0b、0x 这样的前缀不适用于表示浮点数。浮点数除了常见的 3.14, -0.0028 这样的表示外，还可以使用字母 e 参与表示，如 1.23e9 表示 1.23 乘以 10 的 9 次方，e 表示 exponent，即指数，尽管这个数从值上看，似乎是整数，但 Python 中只要只要用到 e，类型类型就是浮点数，尽管这个数从数学上看，似乎是整数，但 Python 中只要用到 e，类型就是浮点数。

知识点

注意：不要试图用"=="测试两个浮点数是否相等。浮点数在运算过程中，由于精度有限的缘故，其操作结果可能会被解释器实施取近似的舍入操作，因此经由不同路径计算所得的结果的末尾出现些许不一致是完全可能的。

以十进制运算为例说明，我们知道10/3的结果3.333...为无限小数，但是作为浮点数，它只能被存储在有限位的空间上。这样，无论如何，这个数的本身和它的表示就不可能精确地一致。因此若用"=="来测试两个浮点数是否相等，可能会得到意外的结果，见本章思考与练习第1题。

我们推荐这样的习惯用法：设置一个较小值epsilon，例如 epsilon = 1e-10，进而判断两个浮点数f1, f2的差的绝对值是否小于epsilon，如果是，则认定两者相等，否则认定两者不相等。

2.4.3 复数 complex

Python 支持复数的表示和计算。表示一个复数，使用如下形式：

```
a + bj
```

其中 a 是实部，实部为 0 时可以省略 a。b 是虚部，j 或 J 表示 $\sqrt{-1}$。如下是表示复数正确的示例：

```
>>> 3+5j
(3+5j)
>>> 5j+3
(3+5j)
>>> 5j
5j
>>> -5J
(-0-5j)
>>> type(3+0j)
<class 'complex'>
```

最后一行中，表达式 3+0j 依然表示一个复数，尽管它的虚部为 0，这由类型为 complex 可知。

注意不要将虚部写成 b*j 的形式，因此在这种表示方式下，解释器会试图寻找变量 j，如果没有，将报告名字错误，例如：

```
>>> 3+5*J    #NameError，正确表示为 3+5J
>>> 3+j      #NameError，正确表示为 3+1j
```

上面两行代码中，#及其后的内容为程序注释，程序注释不会被解释器执行，仅起提示或备注的作用。还可以使用 complex 函数组合实部和虚部得到复数，通过 real 属性和 imag 属性取得复数的实部和虚部。例如：

```
>>> c = complex(3,5)
>>> c.real   #点语法
3.0
>>> c.imag   #点语法
5.0
```

仔细观察这段代码，发现实部和虚部的值均为浮点数，而不是构造时使用的整数 3 和 5。这表明 Python 在处理复数对象时，将实部、虚部统一用浮点数表示，不再考虑整数类型。

2.4.4 字符串 str

str 表示 string，即字符串。字符串是以一对单引号'或一对双引号"或一对三引号（可以是三个单引号或三个双引号）括起来的若干字符的序列。例如：

● "是长度为 0 的空字符串

● '''我和我的祖国'''为中文字符串，长度为 6。

初学者要注意带引号定界的值和不带引号的值表示不同的对象。例如，对象 0 和对象"0"不同，前者是整数，后者是字符串。

使用成对的单引号或双引号定界字符串没有本质的区别。但是设计不止一种表示方式的好处在于，能够在某种情况下赋予用户更大的灵活性。例如，要表示字符串 It's a python，这个字符串本身包含单引号'，因此如果依然用单引号定界，书写为：

```
'It's a python'
```

会导致解释器无法识别，并报语法错误 SyntaxError。此时如使用"定界，表示为：

```
"It's a python"
```

就避免了以上问题。当然，这个例子如果一定用'定界，也并非不可，此时只须将内部的'改写为\'即可，\表示对其后的'进行转义。整个表达式书写为：

```
'It\'s a python'
```

也是正确表示。在 help()环境下输入\，会得到 Python 中转义表示的清单，其中较常见的有：

```
"\\"        Backslash ("\")
"\'"        Single quote ("'")
"\""        Double quote (""")
"\b"        ASCII Backspace (BS)
"\n"        ASCII Linefeed (LF)
"\r"        ASCII Carriage Return (CR)
"\t"        ASCII Horizontal Tab (TAB)
"\v"        ASCII Vertical Tab (VT)
```

为了表示笔者的 Windows 桌面路径 C:\Users\Administrator\Desktop，就要将\用对应的转义字符\\表示，否则报 SyntaxError。但是当文件路径较深时，屡次地使用\\

也颇为不便。为此，可以在字符串前冠以 r（r 表示 raw）作为前缀，构造原始的字符串：

```
>>> s1 = "C:\\Users\\Administrator\\Desktop"
>>> s2 = r"C:\Users\Administrator\Desktop"
>>> s1 == s2
True
```

三引号常用来表示多行的字符串，这时字符串在形式上可写成多行。如果这样的字符串用单引号来定界的话，就只能在中间插入\n。

```
>>> s1 = "I like python\nSo does he"
>>> s2 = '''I like python
So does he'''
>>> s1 == s2
True
```

小技巧

三引号在编程实践中还有一个用途，是作为非正规的程序注释。

正规的程序注释一般由#引导一行文本构成，但是当文本较多时，使用#显得不便。

三引号所定界的一段文本实际上创建了一个字符串常量，而在代码块中插入一个常量并不会对代码有不良影响，因此不少程序员习惯用三引号定界的文本来注释程序。

并且，三引号所定界的字符串如果放在函数定义的函数体之前，有特殊意义，这段文本会成为该函数的帮助文档。

2.4.5 布尔值 bool

布尔是英国数学家 George Boole (1815-1864)的名字。1854 年，他出版了《思维规律的研究》，在这本书中作者介绍了现在以他名字命名的布尔代数。布尔代数又称逻辑代数，在计算机科学中有着重要作用。布尔型变量总共包含两个值，即 True 和 False，分别表示真、假。不同的布尔值之间可以进行逻辑运算，Python 用 not、and 和 or 表示非运算、与运算和或运算。如：

```
>>> a = 3; b = 5
>>> a < b
True
```

```
>>> a > b
False
>>> not a > b
True
```

进一步考察下列代码：

```
>>> 3/0 == 0
Traceback (most recent call last):
  File "<pyShell>", line 1, in <module>
ZeroDivisionError: division by zero
>>> 5 > 9 and 3/0 == 0
False
```

在前一个判断表达式中，由于将 0 作为除数，因而程序报 ZeroDivisionError。然而，同样的表达出现在第二条判断表达式的后侧，程序却没有报错。这是由于根据 and 运算的逻辑，程序已经判断出左侧 5 > 9 的结果为 False，又由于 False 与任何逻辑值"与"结果均为 False，因此，后者的计算实际上没有被执行，或者说被短路(short circuited)，因而除 0 错误没有产生。

编程实践中，常常利用逻辑表达式来判断分支程序的下一步流向或者循环程序下一步的状态。

2.4.6 空值 None

空值 None 是 Python 里一个特殊的值，表示空或没有，也是类型 NoneType 的唯一值。须注意，None 并不等同于 0 或者空的字符串""，None 仅仅是 Python 定义的一个特殊的值。

Python 中容器类型和类类型将在后续章节讲述。

2.5 运算

2.5.1 算术运算

Python 中的算术运算包括加、减、乘、除等，分别用+、-、*、/表示。大部分情况下，两个相同类型的数进行运算，结果依然保持该类型，比如两个整数相加得到新的整数，两个浮点数相乘得到新的浮点数，两个复数相除得到新的复数。唯一的例外是，两个整数相除，结果是浮点数。

当整数和浮点数运算时，整数被自动转为浮点数，因而结果也为浮点数。当整数或浮点数与复数运算时，前者自动转换为复数，因而结果为复数。这种行为可以理解为：当运算在两个不同类型之间进行时，参与运算的数自动地向更宽泛的类型转换，类型宽泛性次序为：布尔型 < 整数 < 浮点数 < 复数。例如：

```
>>> 3/3
1.0
>>> 3.0-3.0
0.0
>>> complex(3)/complex(3)
(1+0j)
>>> 3 + 1.0
4.0
>>> 3 * complex(0)
0j
```

布尔值参与算术运算时，类型转换也自动发生，True 被转换为 1，而 False 被转换为 0。

```
>>> True + 2.5
3.5
>>> complex(False,4)
4j
```

当一个表达式中出现多个操作符时，求值的顺序依赖其优先级。在优先级相同时按由左往右的顺序计算。优先级的顺序可以这样记忆，即 PEMDAS：

● Parentheses（括号）

● Exponent（乘方）

● Multiplication（乘法）和 Division（除法）

● Addition（加法）和 Substraction（减法）

使用**表示指数运算，例如 2**3 表示 2 的 3 次方，即 8。用//表示整除求商，例如 7//3 结果为 2，其余数 1 可以通过 7%3 求得，余数又称模 module。两个整数相除所得的商和余数还可以用 divmod 函数一举得到，如：

```
>>> 7//3
2
>>> 7%3
1
>>> divmod(7,3)
(2, 1)
```

取模操作有很多典型应用，比如可以用对 2 取模的结果来判断被除数是奇数还是偶数，如：

```
>>> 8%2 == 0
True
>>> 9%2 == 0
False
```

和其他语言一样，Python 中的除法运算一定要注意确保除数不为 0，否则会导致运行时错误 ZeroDivisionError。例如：

```
>>> divmod(3,0) #报告 ZeroDivisionError
```

2.5.2　逻辑运算

除算术运算之外，布尔值之间还存在逻辑运算，逻辑运算符包括 not, and 和 or，这个排序也是这三者优先级的顺序。

not 是一元操作，执行"非"运算，得到和操作数相反的逻辑值。not True 结果为 False，not False 结果为 True。

and 是二元操作，执行"与"运算，表示...且...的逻辑，只有当两个操作数都为 True 的时候，结果才为 True，如果有一个为 False，结果为 False。例如：你期末考试只有语文大于 90 分同时数学大于 90 分才能被评为优秀，这就是"...且..."的逻辑。

or 是二元操作，执行"或"运算，表示"要么...要么..."的逻辑，只有当两个操作数都为 False 的时候，结果才为 False，如果有一个为 True，结果为 True。例如：你期末考试只要语文和数学中有一门不合格，综评就为不合格，这就是"要么...要么..."的逻辑。

【例 2-1】逻辑运算的优先级。如果某学校设置了评优的条件，语文和英语中至少一门大于 90 分，且数学大于 90 分，假设某考生三门课程分数如下：

```
>>> Chinese = 92
```

```
>>> English = 86
>>> Math = 88
```

根据评优条件，我们不难发现该同学由于数学不到 90 分，因此不可能被评优。但是如下表达式输出的结果却为 True：

```
>>> Chinese > 90 or English > 90 and Math > 90
True
```

这里，问题出在错误地理解了 or 和 and 的优先级，认为它们也许优先级相同，因此计算从左往右开展。但事实上 and 的优先级高于 or，因此右侧的 and 先计算，得到 False，or 运算的左侧操作数为 True，因此最终结果为 True。该程序正确的写法是：

```
>>> (Chinese > 90 or English > 90) and Math > 90
False
```

小提示

在由多种运算符连接的复杂表达式中，为了使得程序忠实于编程者的意图，有必要审慎地考虑优先级问题，这时候有两种方法可以确保无虞。

● 一是通过阅读官方文档或借助网络搜索引擎确认操作符的优先级。
● 二是通过加()来配置所需要的优先级。

当其他类型的变量参与逻辑运算时，发生自动的类型转换，其结果整数 0、浮点数 0.0、复数 0j、空字符串、空的容器对象、None 会被转换为 False，其他转换为 True。下列判断表达式的各项均为 False：

```
>>> bool(0) == bool(0.0) == bool(complex(0)) == bool(None) == bool("")
True
```

2.5.3　字符串的运算

Python 支持字符串的+和*运算，示例如下：

```
>>> s1 = "Python"
>>> s2 = "I love " + s1
>>> s2
'I love Python'
>>> s3 = s1 * 3
>>> s3
```

```
'PythonPythonPython'
```

可见，字符串的+运算表示连接两个字符串，而*运算表示将字符串延展若干倍。

2.5.4 比较运算

Python 中的比较运算符包括>、<、>=、<=、==、!=。后两者表示相等和不相等。比较运算的结果是逻辑值 True 或 False。

比较可以发生在两个整数之间，两个浮点数之间，或者整数和浮点数之间。当整数和浮点数进行比较时，整数会被隐式地转换为浮点数。这样的隐式转换在 Python 中时常发生，一般总是会按照我们所能理解的方式进行。如：

```
>>> 3 < 5
True
>>> 3 >= 6
False
>>> 3.14 < 2**2
True
```

==用于判断两个对象的值是否相等，初学者易犯的一个常见错误是将判断符==写成赋值号=。由于赋值语句本身不是表达式，不返回值（Python 中不存在赋值表达式这样的说法），因此如果将赋值语句作为 if 的条件，将报告 SyntaxError。

```
>>> score = 60
>>> if score = 60 : print("just pass") #SyntaxError
```

Python 中支持链式的比较运算，如：

```
>>> 3 < 5 < 9 == 9 <= 10
True
```

这是由于 3 < 5，5 < 9，9 == 9，9 <= 10 这一系列的表达式同时成立。

比较还可以发生在字符串之间，字符串比较的规则是从最首位开始，逐一比较相应字符的 ASCII 值，如：

```
>>> "25" > "125"      #字符 2 大于字符 1
True
>>> "abc" > "Abc"    #字符 a 的 ASCII 值大于 A
True
>>> "abC" > "abc"    #字符 C 的 ASCII 值小于 c
False
```

```
>>> "abc" < "abcd"   #没有字符比有字符小
True
```

2.5.5 运算符 in 和 is

判断元素是否存在于容器中可用关系运算符 in。如：

```
>>> "p" in "python"
True
>>> "th" in "python"
True
>>> "Py" not in "python"
True
```

上列代码中出现了关键字 not，但不作逻辑运算符 not 理解，因为 not 做逻辑运算时是一元操作。这里 not in 是一个固定搭配，表示...不存在于...。

判断两个变量是否为同一对象的运算符 is，如：

```
>>> a = 2+3
>>> b = 5*1
>>> a is b
True
>>> id(a) == id(b)
True
>>> c = 200 + 300
>>> d = 500 * 1
>>> c is d
False
>>> id(c) == id(d)
False
>>> c is not d
True
```

is 运算判断两个操作数是否为同一对象，也就是是否位于同一内存地址。a is b 成立当且仅当 id(a) == id(b)。当两个变量地址相同时，它们的值肯定相等，但是反之却不成立，c 和 d 就是这样的情况。这里运算符 is not 也是固定搭配，表示...不是...。

知识点

上列代码中，前两次计算，均得到结果5，这两个5处于相同内存地址，为同一对象，is运算结果返回True。

而后两次计算，均得到结果500，这两个500处于不同的内存地址，为不同对象，is运算结果返回False。

为什么对于5和500有这样的差异呢？因为Python为了优化内存，对于可能被频繁使用到的一些小的整数，设置了小整数池，范围为[-5，256]。这当中的数均只有一个实例，因此，经由不同方式计算得到的两个5，都落在池中，它们为同一对象，而对于池外的其他对象，则不一定相同。

2.6 类型转换

大部分情况下，Python中的不同类型的对象之间的运算能够运行，这依赖于自动类型转换的语言特性，并且这种转换往往和我们预期的行为一致。例如：

```
>>> 3 + 6/2 #自动类型转换，整数加浮点数得到浮点数
6.0
```

但是，在有些场景下，运算未能达到预期结果，甚至报错。如：

```
>>> "I have " + 3 + " mobiles" #TypeError
```

正确写法应使用 str 函数进行强制类型转换，如：

```
>>> "I have " + str(3) + " mobiles"
'I have 3 mobiles'
```

强制类型转换的一系列函数包括：

- int　　　　　#将参数转换为整数

- float　　　　#将参数转换为浮点数

- complex　　 #将参数转换为复数

- str　　　　　#将参数转换为字符串

- bool　　　　#将参数转换为逻辑值

可以看到，这些函数的名字就是类型的名字。有时候，这种转换还须要多次执行，如：

```
>>> 3 + "3.9"      #TypeError
```

```
>>> 3 + int("3.9") #ValueError
>>> 3 + int(float("3.9"))
6
```

上列代码前两行均报告错误，第 3 行能正确运行，但是 int 对 3.9 进行转换的结果却不是 4，而是直接抛去了小数点后面的部分。通过 help(int)查看帮助，可以看到"truncates towards zero"的函数说明，这样就不难理解函数的行为，是所谓的向零取整。

2.7　赋值语句

实施赋值操作的语句称为赋值语句。赋值语句的语法形如：

```
variable_name = some_expression
```

在上述语句中，=为赋值号，它并不表示对两者是否相等进行判断，而是将等号右侧的计算结果赋值给等号左侧，因此可以理解为$variable\_name \leftarrow some\_expression$。Python 中的赋值语句本身并不返回值，因此 a = (b = 5) 这样的操作将报告 SyntaxError。然而，Python 支持 a = b = 5 形式的链式赋值操作。

Python 中赋值操作本质上是建立对象的引用，或者理解为给对象贴标签，理解赋值操作的本质非常重要。先存在赋值号右侧的对象，然后才存在赋值号左侧的名称，这一特性与其他编程语言并不相同。

【例 2-2】深入理解 Python 中的赋值操作。

```
a = [0, 1, 2]
b = a
a[1] = 5
print(b) #[0, 5, 2]
```

第 1 行用[]定界的是容器类型列表，列表是有序的容器，因此可以用序号作为索引来访问元素。第 2 行执行 a 向 b 的赋值。第 3 行修改列表 a 的第 1 个元素，注意 Python 中索引值的起点是 0，因此此句修改以 0 为基的第 1 个元素，即中间的元素 1，而不是最前面的元素 0。

如果按照最自然的理解，第 4 行打印输出的似乎应该是[0, 1, 2]，因为当第 2 行 b 被赋值之后，其值就没有修改过。b 不仅没有出现在赋值号的左侧，甚至没有再出现过，因此当程序实际输出[0, 5, 2]时，就须要好好梳理一下这段代码的本质了，分析如下：

第 1 行 a = [0, 1, 2]首先在内存中创建列表对象，同时在内存中创建 a，并且将 a 指向列表对象，这个指向类似于贴标签。

第 2 行 b = a 同样是赋值，倒不是把 b 作为 a 的标签，准确讲是把 b 作为 a 所指向对象的标签，因此此时 b 和 a 指向的是同一对象，即列表[0, 1, 2]，它们互为别名。或者说，a 就是 b，b 就是 a，它们是同一个对象的两个标签，这一点可以用 id 函数来佐证：

```
>>> id(a) == id(b)
True
```

第 3 行 a[1] = 5 修改 a 对象中索引值为 1 的对象，使其为整数 5。因为 b 和 a 指向相同，可知，此时 b 所指向的对象也随之发生了变化，因此第 4 行执行后打印输出[0, 5, 2]。

Python 这种总是尽量不新建内存空间，而是"寄生"在已有空间上的特点是其一大特色。毫无疑问，这样设计的初衷是为了节省内存开销。

当然，Python 也提供一种机制，允许 a，b 所指向的内存地址不同，但值相同，可以尝试"浅拷贝"的赋值方案，即将赋值语句改为 b = a[:]。

```
a = [0, 1, 2]
b = a[:]
print(id(a) == id(b)) #False
print(a is b) #False
print(a == b) #True
```

以下语句是交换赋值，是 Python 的特色赋值方法：

```
>>> a = 2
>>> b = 3
>>> a,b = b,a
>>> a,b
(3, 2)
```

以下是*在赋值中的应用，也是 Python 的特色赋值语句：

```
>>> a,*b,c,d = [0,1,2,3,4,5]
>>> a,b,c,d
(0, [1, 2, 3], 4, 5)
```

赋值完成后，a,c,d 根据位置分别获得值 0,4,5,而 b 为其余部分,即[1,2,3]。

知识点

赋值语句还有一种简洁写法，用来替换如下传统形式的赋值表示：

```
a = a + 3
```

上式可改写为：

```
a += 3
```

注意：

- += 是连在一起的赋值运算符，中间不能有多余的空格。
- 除了+=，还存在-=、*=、**=等诸多类似形式。
- 对于简单变量，这两种赋值方式的效果是完全相同的。

本章要点

1. 注意程序中输入的分号、逗号、引号、冒号、括号等都必须为英文字符，不能为中文字符。注意养成在编程实战中敏锐地加以区分的能力。
2. 了解 Python 中标识符命名的重要规则之一：以下划线或字母作为首字符。
3. Python 中可以表示几乎无穷大的整数。
4. 使用 id 函数查看对象地址，使用 type 函数查看对象类型，使用 help 函数查看帮助。
5. 注意并理解此规则：不要使用==对浮点数进行相等性测试。
6. 熟记主要特殊字符的转义表示和字符串的 r 前缀。
7. 熟悉运算符的 PEMDAS 优先顺序。
8. 理解字符串的+和*操作。
9. 理解 Python 中赋值语句的本质是贴标签，熟悉+=风格的快捷赋值语句。

思考与练习

1. 在 Shell 中输入：

```
10/3 == 2 + 4/3
```

观察在你的机器上所得到的结果。如果为 False，请解释这是为什么？如果是 True，请重新设计一个例子，使得在数学上能够成立的等式，在 Python 环境下不成立。

2. 设 a,b 为整型变量，编写一段程序，测试 a/b 和 2 是否相等（提示：使用一个较小值 epsilon 辅助判断，并设此值为 1e-8）。

3. 观察下列表达式，猜想其值，并在 Shell 中验证你的猜想：

```
0b101011
0xab
0xff == 255
(3+2j)*(3-2j)
(3+2j)*(3-2j) == 13
type(0),type(0.0),type(0j)
id(0),id(0.0),id(None)
```

4. 观察下列表达式，猜想其值，并在 Shell 中验证你的猜想：

```
3<0 and 3/0==0
3/0==0 and 3<0
"Python" > "python"
"Python" == "python"
chr(ord("a") + 25)
-3.2 <= -1.45 < 2.67 <= 3.18
"on" not in "thonny"
"ty" not in "thonny"
```

5. 观察下列表达式，猜想后两行的输出，并在 Shell 中验证你的猜想：

```
s1 = "python_"
s2 = "pycharm_"
s3 = "thonny"
s1 + s2 + s3
(s3 +".") * 3
```

6. 观察下列表达式，猜想其值，并在 Shell 中验证你的猜想：

```
#1
*a,b = 1,2,3,"OK"
a,b
#2
a = 3*8
b = 4*6
c = 25-1
a == b == c
```

```
a is b is c
#3
x = 1024
y = 2**10
z = 1000 + 24
x == y == z
x is y is z
```

7. 观察下列表达式，猜想其值，并在 Shell 中验证你的猜想：

```
x = 5
x += x**3 and x>3
x
```

8. 定义 3 个变量 c、m 和 e 表示语文、数学和英语的成绩，就下列四组值分别测试后面两组逻辑表达式的值，体会优先级的不同所导致的结果差异。四组值如下：

```
c,m,e = 48,52,55
c,m,e = 48,62,54
c,m,e = 89,50,57
c,m,e = 89,92,55
```

两组逻辑表达式如下：

```
c>60 or m>60 and e>60
(c>60 or m>60) and e>60
```

9. 使用类型转换函数 bool，测试下列 4 组共 8 个对象对应的布尔值。
   a) -5   0
   b) 3.14 0.0
   c) "0"   ""
   d) [[]] []

10. 分析下列代码的输出，理解 Python 中的赋值操作：

```
a = [3,1,4]
b = a
b[2] = [4]
print(a)
print(b)
print(a is b)
```

第 3 章
认识简单的程序

本章是对前一章内容的必要补充。初学者在学习一门语言的时候，最早接触的往往是输入、输出和简单数据处理这样的操作。Python 中，这些操作由函数完成，但本教程设置的学习顺序是先结构而后函数，因此本章将一些早期可能涉及到的函数，如 print、map、eval 先行讲解，这就如同婴儿学习语言的过程一样，一定是字、词和句子的同步推进，而非严格地先字、再词、再句子。基于同样的考虑，本章还介绍字符串的格式化、Python 的语句块、注释和续行、程序的美化等内容。掌握了这些预备知识，后面的学习过程将更加顺畅。

3.1 从 hello, world 出发

传统上，人们习惯用输出'hello, world'表示已经对一门程序设计语言达到了最初级入门的程度。能做到这一点，至少表明开发程序所需要的软硬件环境已经搭建完成。

对于初学者而言，输出'hello, world'诚然是了不起的成就。但是 Python 语言的语法如此简洁，输出一条字符串既不需要包含任何头文件，也不需要导入外部模块，也不需要创建函数。只要在.py 文件中输入一行代码，在代码中调用 print 函数即可。如下：

```
print('hello, world')
```

这样看，用 hello world 程序来验证入门 Python 未免过于简单了。因此，我们提出若干在逻辑上更完整的入门级示例程序。

【例 3-1】获取用户输入的两个整数并求和_v1。编程思路如下，首先输入：

```
inp = input()
```

上列代码中 input 函数等待用户的输入，直至用户输入回车，此时以字符串的形式返回用户输入回车之前所输入的内容。从此例可以看出，即便 input 函数没有带参数，其括号()也不能省略，关于函数的更多内容本书将在第 5 章讲解。

但是，这行代码对于用户而言，没有任何友好的提示，以明确地告知用户该如何输入。为此，可以在 input 中带上一段提示性文本，以告知用户可以开始输入以及如何输入，如：

```
inp = input("请输入一个整数：\n")
```

上面的提示字符串中所带的\n 会使得用户的输入从新的一行(newline)开始，这样整条语句完整了。但是如果改写为如下形式，更值得推荐。

```
prompt = "请输入一个整数：\n"
inp = input(prompt)
```

虽然代码量从一行变为两行，但是这段代码更加清晰可读，其他好处还包括：（1）将提示文本赋值给变量 prompt，能方便有需要时修改；（2）在两条语句中，实现了每条语句只做一件事，这是很好的编程习惯。总之，将性质不同的几件事分别写在不同语句里，虽然代码行数会增加，但是程序的逻辑更加清晰，更利于理解和维护。

进一步，考察下列代码：

```
prompt1 = "请输入一个整数：\n"
prompt2 = "请输入另一个整数：\n"
inp1 = input(prompt1)
inp2 = input(prompt2)
print("和为：", inp1 + inp2)
```

猜想一下，当用户两次分别输入 3 和 5，程序会输出什么？

程序最终打印输出：

```
和为： 35
```

显然，这不符合设计者的需求。问题就出在 inp1 和 inp2 获得的是字符串 3 和字符串 5，并且字符串也可以进行求+运算，其效果是将两者连接。因此，改正的方法是实施强制类型转换，即将最后一行变更为：

```
print("和为: ", int(inp1) + int(inp2))
```

这样，当依然输入 3 和 5 时，程序输出：

和为: 8

3.2 初识 map 函数

对于以上例子，也可以请求用户一次性地输入两个整数。

【例 3-2】获取用户输入的两个整数并求和_v2。

```
prompt = "请输入两个整数，用空格分开: \n"
inp = input(prompt)
nums = map(int, inp.split(sep = " "))
print("和为: ", sum(nums))
```

执行程序之后，若输入字符串 3 5，效果如下：

请输入两个整数，用空格分开:

3 5

和为: 8

上列代码中，inp.split 方法，以空格为分隔参数，因此返回字符串分隔后得到的列表，即['3', '5']。map 函数将 int 类型转换函数作用于整个列表，这个过程也称为映射(map)，返回蕴含整数 3 和 5 的 map 对象。map 是一种惰性生成(lazy evaluation)的可迭代对象，它本质上保存算法而不是值，只在必须展开的时候（如作为 list 列表函数的参数）才逐个取值。第 4 行 sum 函数对 map 对象求和，最后 print 函数输出结果。

知识点

上列代码中，我们称split为方法(method)，而称int、map为函数(function)。

从本质上看，方法是定义在类中的函数，必须使用点语法进行调用，调用者是类的对象，而函数并非定义在类之中，调用时可以直接使用。

从形式上看，使用点语法的方法调用类似于：

对象.行为()，可理解为主语-谓语结构。

而函数调用类似于：

行为(目标)，可理解为动词-宾语结构。

作这样严谨的区分有时不是必须的，不少人认为方法属于

> 广义的函数，因此统称为函数也不为错，但是一般不把函
> 数称为方法。

上列代码中，print 函数的参数长度可变，这里是用逗号隔开的两个参数。实际输出时，两个输出结果中间默认为用一个空格连接。

3.3　使用 eval 函数

对于以上例子，还可以使用 eval 函数，直接从输入字符串中提取数值。

【例 3-3】获取用户输入的两个整数并求和_v3。

```
prompt = "请输入两个整数，用逗号分开：\n"
inp = input(prompt)
nums = eval(inp)
print(nums)
print("和为: ", sum(nums))
```

执行程序之后，若输入字符串 3, 5，效果如下：

```
请输入两个整数，用逗号分开：
3, 5
(3, 5)
和为: 8
```

可见，eval 函数表示 evaluate，它将参数视作 Python 的表达式，以评估其值。此时，若用户输入"3 5"这样的字符串，eval 无法从中解析出整数，因为该字符串并不表示一个合法的对象（除了其本身作为字符串外）。同样，若用户输入"3，5"，中间为中文逗号，也会报错，因为该字符串也不表示一个合法的对象。而"3, 5"表示的是合法的元组对象，因此 eval 返回该元组。

【例 3-4】从磁盘上读取、计算并写回。本程序要完成的任务是：读入 C 盘根目录下名为 a.txt 的文件，该文件中保存有一个正整数 8，读入整数值后，取其平方根，并且将这个值写入 b.txt，b.txt 和 a.txt 处于相同路径。代码如下：

```
f = open(r"c:\a.txt")
num = f.read()
f.close()
import math
```

```
rst = math.sqrt(int(num))
f = open(r"c:\b.txt", 'w')
f.write(str(rst))
f.close()
```

这段程序前三行，从打开的文件 a.txt 中读入 num，类型为字符串。第 5 行的 sqrt 执行求平方根，但这个函数不是 Python 的内置函数，而是属于 math 模块，因此有第 4 行的导入操作 import，并且在第 5 行使用 math.sqrt 这样的点语法。程序的后三行，将字符串形式的 rst 写入文件 b.txt，并关闭文件。在 C 盘根目录下找到并打开 b.txt，里面存放了正确的结果：

2.8284271247461903

这个程序功能虽然粗浅，但已经操作了外设磁盘，因此功能上比经典的 hello, world 更加完整。学习者在初学编程（不独是 Python，也包括其他如 R、matlab、Go 这些语言）的时候，可以首先尝试这个程序，打通冒烟环节。过了这一小小的里程碑，就意味着可以继续开展后续的学习了。

知识点

所谓冒烟，是编程人员常用的一个比喻，表明整个流程的关键节点已经打通。

例如，在上面的程序中，读文件、计算、写文件是三个关键点。我们已经通过最简单的示例，实现了通关。因此我们知道程序的思路正确，仅余细节部分有待完善。这个过程就像在一堆木柴下面生火，当透过柴堆从上面看到烟的时候，我们知道火苗已经燃起，整个环节已经畅通了。

3.4　字符串格式化

在前节的代码中，我们使用 print 函数输出了包括字符串、整数等混杂类型的格式。例如：

```
>>> a = 8
>>> print("a is", a)
a is 8
```

上例的另一个思路就是将用逗号隔开的两个对象拼接为一个整体的字符串，再行输出，如：

```
>>> a = 8
```

```
>>> s = "a is " + str(a)
>>> print(s)
a is 8
```

但是，若须要组装的对象数量较多时，此操作会显得繁琐，如：

```
>>> n1 = 2
>>> n2 = 1
>>> n3 = 0
>>> "I have " + str(n1) +" dogs, "+str(n2) +" cats, and " + str(n3) +" fish."
'I have 2 dogs, 1 cats, and 0 fish.'
```

可见，对整数和字符串采用这样的组装方式的确带来了很大不便，尤其是多处须要预留空格，这不符合正常的思维习惯。为此，可采用 Python 提供的字符串格式化方案，如：

```
>>> #方案 1，代码续前
>>> "I have %d dogs, %d cats, and %d fish."%(n1,n2,n3)
'I have 2 dogs, 1 cats, and 0 fish.'
>>> #方案 2，使用 f 前缀
>>> f'I have {n1} dogs, {n2} cats, and {n3} fish.'
'I have 2 dogs, 1 cats, and 0 fish.'
```

程序点评：方案 1 比手工拼接字符串的做法有了很大改进，符合人们的书写习惯，注意点是%前面待替换的数目和后面变量的数目要严格一致。此外，还可使用%c、%s、%d、%f、%e，分别对应地表示：单个字符、字符串、整数、浮点数、科学计数法表示的浮点数。

相对于方案 1，方案 2 是 Python 较新推出的方案，也是本书推荐的方案。

3.5 Python 的语句块

Python 中用缩进和对齐来区别语句块。连续存在的，具有相同缩进量的一系列语句属于同一个语句块。考察下面的两段代码：

```
#代码 1
score = 88
if score >= 90:
    print("score is ", score)
```

```
#代码 2
score = 88
if score >= 90:
    print("score is ", score)
```

| ```
    print("excellent")
print("over")
``` | ```
    print("excellent")
    print("over")
``` |

代码 1 中的第 4、5 行具有相同的缩进，它们属于同一个代码块，当 if 条件成立时执行这两行，if 语句完成后执行第 6 行。代码 5 中的第 4、5、6 行具有相同的缩进，它们属于同一个代码块，当 if 条件成立时执行这三行。因此，左右两侧的代码虽然看上去差不多，但是却有本质的区别，是不同的代码。如果编程者的本意是写成代码 1 的效果，那么当第 6 行没有正确地退回缩进时，程序就产生了语义错误。

Python 使用缩进来组织代码，不少程序员对此颇有微词，但不管怎么说，这已经成为了 Python 最鲜明的语法风格。对此，本书的建议：书写代码时，务必重视对代码缩进深度的检查，因为不同的缩进深度意味着不同的代码逻辑。

将代码从某环境转移（拷贝粘贴）到其他环境时，缩进量可能发生变化，导致程序的含义发生变化。为了最大程度地避免这种可能，Python 社区的主流提倡，采用四个空格作为缩进。

读者可以检查并设置自己的编程环境，将 Tab 键配置为 4 个空格，也就是当键入 Tab 时，实际得到的是 4 个空格。在 Thonny 中，安装后默认已经设置了这一替换规则。

3.6　注释和续行

在 Python 的真正代码附近，可以添加对于程序的说明性文本，这些文本不被解释器执行，但是可以使得程序更容易理解和维护。程序的注释以#符号引导，从#开始直到本行末尾属于注释的内容。关于注释，有几点须明确：

- 注释本身不被解释器执行，不属于代码。
- 注释可以使阅读程序的人更容易理解程序，阅读者不仅是别人，也可能是日后的自己，完善的注释是好的程序的重要组成部分。
- 注释一般放置在某段代码上方或者某行代码尾部，如果注释的内容本身占多行，则考虑放在被注释程序的上方。
- 可以使用引号定界的字符串代行注释的功能，特别是对于多行注释，可以使用三引号。
- 在程序调试的过程中，也常常利用注释来临时关闭某一行代码，之所以不将其删除，是因为程序员不确定是否还有必要将其恢复。与其将代码径直地删除，把它设为注释并且保留着是非常常规的做法。

● 注释文本应当是信息量充沛的，形如这样的注释就显得多余：

`v = 5 #将 5 赋值给变量 v`

而下面的注释就很有价值：

`v = 5 #5m/s`

在程序编写过程中，如果遇到一行代码过长，不方便阅读的情况，可以考虑将代码分行。将一行代码分成两行或者多行，有两种方法：

● 一是在代码截断处，上一行的末尾插入反斜杠\。

● 或者，可以将截断处放在一套(), [], {}这样的定界符之内，这种情况下，就不用在截断处加入\字符。例如：

```
x1 = 12 + 13
x2 = 12 +\
    13
x3 = (12 +
    13)
x4 = [12,
    13]
```

在上面的代码中，对 x2、x3、x4 的赋值均使用了分行，它们都是合法的写法，并且都没有使用\。我们建议：只要可能，就使用在定界符内自然分行这样的方式。

3.7　美化程序

在 Python 程序中，每行代码前面是否存在缩进，尤为关键，这关系到这段代码所处的程序逻辑。一般建议缩进由四个空格构成，但实际上，哪怕是一个空格，解释器也认为是产生了缩进，因此在行前不要存在多余的空格，除非你需要一个缩进。

除此之外，在一行代码的中间，是多一个空格还是少一个空格，并不影响程序的正确性，但是影响代码的美观性。美观的代码不仅是门面工程，也是程序员训练有素的象征。Python 程序的书写美观，和其他语言类似，有一些约定的标准，诸如：

● 运算符的左右各有一个空格。

- 赋值号的左右各有一个空格。

- 定界符()[]{}和里头内容之间不要有空格。

- 除了缩进，其他情况下不要有连续两个或以上的空格。

- 在一段内涵完整的代码，如类的定义、函数的定义前后插入空行。
  部分示例如下：

```
#以下代码符合美观标准
b = 5
a = 3 + b
print(a)
#以下代码均正确，但不符合美观标准
b =5
a=3+ b
print( a)
```

本章要点

1. 理解 map 函数，将操作映射到序列并返回 map 对象。
2. 理解 eval 函数，评估(evaluate)某表达式的值。
3. 理解 Python 代码组织的重要特点：使用缩进组织语句块，使用不同深度的缩进表示不同的逻辑归属。
4. 理解 Python 代码注释的方法和意义，方法是：使用#引导，或使用字符串常量代行注释功能。
5. 了解 Python 代码续行书写的方法。
6. 了解代码美观的标准，并在编程实战中注意养成美化代码的习惯。

思考与练习

1. 观察下列表达式，猜想其值，并在 Shell 中验证你的猜想：

```
map(int,[3.96, 3.14, 0.0, -3.14, -3.96])
list(map(int,[3.96, 3.14, 0.0, -3.14, -3.96]))
a,b,c = map(int,"3,4,5".split(",")); a,b,c
```

```
a,b,c = eval("3,4,5"); a,b,c
a = 3; b = 4; eval("a**b + 5")
a = 3; b = 7; eval("int(b*(a+a/b))")
```

2. 编写程序，提示用户输入 3 个用英文逗号隔开的浮点数，并将这三个浮点数的值读入变量 a,b 和 c，使用两种方法实现这一需求（提示：使用 map 函数方案和 eval 函数方案）。

3. 冒烟程序。在 C 盘根目录下创建文本文件 input.txt，当中写入用英文逗号分隔的两个整数，求两个整数的平方和的平方根（提示，使用 math 模块的 math.sqrt 函数），并将计算结果写入同路径下的 result.txt 文件。

4. 观察下列字符串表达式，猜想其值，并在 Shell 中验证你的猜想：

```
s1 = "c:\\myfold\\subfold\\test.py"; s1
s2 = r"c:\myfold\subfold\test.py"; s2
s1 == s2
a = 3; b = 4; f'{a}*{b}={a*b}'
a = 3; b = 4; "I have %d dogs and %d cats"%(a,b)
```

5. 研读下列两段代码，猜想其输出差异，并在 Thonny 中加以验证。

```
#代码 1
math = 55
if math >= 60:
    print("pass")
print("over")
#代码 2
math = 55
if math >= 60:
    print("pass")
    print("over")
```

6. 将下列代码改写为较为美观的写法，并通过搜索引擎在互联网上查找 Python 代码美化工具或网站，在工具当中输入代码，并与你手工美化的结果进行比较。

```
i= 1
s =0
while  i <=100 :
  s +=i
  i+= 1
print ( s)
```

第 4 章
程序结构和调试

一般而言，Python 的程序代码从第一行开始，按照行由上往下依次执行，执行完某一行，再执行它的下一行。但也有特殊情况，由 if 引导的分支结构和 while，for 引导的循环结构，可称为复合语句。复合语句作为一个整体，从外部看，也是一条普通的语句，它将按照顺序被执行。从内部看，其执行顺序由各自的逻辑决定，可能以分支或循环的方式执行。本章介绍这两种典型的程序结构，同时还介绍程序错误的捕获和程序调试。

4.1 分支结构

日常生活中，经常须要对某些条件进行判断，并根据判断的结果进行不同的处理。例如，判断一个学生的考分是否大于或等于 60，若是，认定其成绩为合格，若否认定为不合格。Python 中的分支语句就是用来解决此类的条件判断问题，它是非常重要、主流的流程控制方式。Python 中，用于条件判断的关键字包括 if、else 和 elif。

4.1.1　简单的 if 语句

简单 if 语句的语法规则如下：

if 条件表达式：

　　语句块

if 语句的逻辑是：判断条件表达式的值，如果为 True，则执行 if 语句块的内容，执行完成后再执行后续语句。如果为 False，直接跳出 if 语句块，执行后续语句。简单 if 语句的示例如下：

```
score = 93
if score >= 90:
    print("excellent")
    print("your score is", score)
```

Python 的条件语句语法规则有几点值得注意：

1.　if 后的判断条件 score >= 90 并不须要用()括起来。

2.　if 语句后存在冒号，冒号后面新起的行要有缩进。

3.　处于相同缩进的若干条语句构成语句块。当语句块结束后，要退出缩进。

4.　当语句块并不长时，也可以使用 **if 条件表达式：语句块**的紧凑语法。

本例中，第 3、4 两行语句处于缩进状态，为一个语句块，整个 if 语句共计三行。当执行第 2 行时，由于 score >= 90 成立，值为 True，程序从而执行下面的两行 print 语句，打印输出两行文本。

从这个例子可以得到启示，Python 代码所归属的逻辑取决于是否缩进以及缩进的深度。无论你是否喜欢，这是 Python 编码的一大特色。正如在上一章中建议的，我们推荐使用四个空格表示一个缩进深度，并且建议将编辑器的 Tab 键设置为四个空格。

4.1.2　带分支的条件语句

在简单 if 语句的基础上，增加 else 子句可以形成带分支的 if...else...结构。语法规则：

if 条件表达式：

　　语句块 1

```
else:
语句块 2
```

  if...else...语句的逻辑是：判断条件表达式的值，如果为 True，则执行语句块 1 的内容，否则执行语句块 2 的内容。带分支的条件语句示例如下：

```
score = 60
if score >= 60:
    print("pass")
else:
    print("failed")
```

  正如所看到的，else 关键字后面也有冒号，else 后须执行的语句也用缩进表示。可以确定，语句块 1 和语句块 2 中必有一块被执行。

  进一步，如果问题更复杂一点，假如要实现这样的逻辑：score 为 90 分以上输出优，score 介于 60~90 之间输出合格，其余输出不合格。对于这样的需求，如果按照已经掌握的方法，可以这样实现：

```
score = 55
if score >= 90:
    print("excellent")
else:
    if score >= 60:
        print("pass")
    else:
        print("failed")
```

  这种写法称为嵌套的 if...else...结构，的确可以实现所需要的功能。但是须注意，整个代码的后四行都属于前面的 else 子句，因此任何缩进上的不规范都会使得程序出错。并且这种写法降低了代码的可读性。为此，Python 提供了更为优雅的语法，使用 elif 实现更多的分支，elif 意为 else if。多分支的条件语句语法规则如下：

```
if 条件表达式 1:
    语句块 1
elif 条件表达式 2:
    语句块 2
    ......
elif 条件表达式 n:
    语句块 n
```

```
[else:
    语句块 n+1]
```

if...elif...else...语句的逻辑是：自上而下判断条件表达式，当成立时，执行对应的语句块，然后程序退出。else 是可选的，如果存在 else 子句，程序必然执行其中一个语句块，然后退出；如果不存在 else 子句，程序不一定会执行其中一个语句块。上面的例子可以改写为如下：

```
score = 55
if score >= 90:
    print("excellent")
elif score >=60:
    print("pass")
else:
    print("failed")
```

不难看出，改造后的代码在结构上更加清晰。使用多分支条件语句时，要注意所设置的若干个条件在逻辑上是互斥的。否则如果逻辑上不严谨，就会出现所谓的奇异(weird)代码，导致结果不正确，并且这种语义错误很难察觉。示例如下：

```
score = 95
if score >= 60:
    print("pass")
elif score >= 90:
    print("excellent")
else:
    print("failed")
```

代码中，score 被赋值为 95，因此表达式 score >= 60 值为 True，进而第 3 行打印输出 pass，if 语句退出，不会再进行判断和打印。

此外，python 中还支持一种...if...else...的条件表达式，形如：

```
passed = "Yes" if score >= 60 else "No"
```

本例中，当 score >= 60 为 True 时，右侧表达式的值为"Yes"，否则为"No"。

4.2　循环结构

对于普通的语句而言，解释器执行时，从第一行开始直至最后一行退出，如果仅仅是这样，很难想象它到底能完成何种有价值的工作。实际上，人们利用计算机服务人类的生产生活，总是会考虑发挥计算机的特长，那就是不怕疲劳、连续工作的优势。也就是说，要让程序的指令循环起来，循环是另一种非常重要的流程控制方式。不夸张地讲，任何有意义的程序当中都包含循环。

内置函数 range 是 for 循环之基，大量的循环基于 range 的返回值而开展，本节在介绍 for 循环之前先行介绍 range 函数。

4.2.1　使用 range 函数

range 函数根据参数返回特定的 range 对象，该对象蕴含两个整数之间的序列。示例如下：

```
print(range(5))
print(list(range(5)))
print(range(3,9))
print(len(range(3,9)))
print(list(range(3,9,2)))
print(list(range(10,1,-3)))
```

这 6 行代码的输出分别为：

```
range(0, 5)
[0, 1, 2, 3, 4]
range(3, 9)
6
[3, 5, 7]
[10, 7, 4]
```

总结 range 函数的特点，结论如下：

1.　range 函数返回的不是具体序列的值，而是惰性生成的 range 对象，可以使用 list 函数将 range 对象强制展开。这种惰性生成的特性，在 Python 中非常普遍。

2.　range 函数的形式之一是 range(stop)，唯一参数为终点 stop。函数返回蕴含从 0 到 stop 但不包含 stop 序列的对象。注意该对象蕴含的序列包含起点 0，但不包含终点 stop，即一个左闭右开的区间[0, stop)。这种左闭右开的特性，在 Python 中也非常普遍。

3.　range 函数的形式之二是 range(start, stop[, step])，参数分别表示起点 start、终点

stop 和步长 step，步长省略时为默认值 1。函数返回蕴含从 start 到 stop 但不包含 stop 序列的对象，同样处于左闭右开的区间[start, stop)之内。

4. range()对象的参数都是整数，因此得到的序列也都是整数。如果须要构造形如以 3.14 为起点、5 为终点、0.2 为步长的序列，可以使用列表推导式方案或 numpy.arange 函数方案，如：

【例 4-1】使用列表推导式构造序列。列表推导式本质上也是循环并计算，但形式上比循环简洁。

```
size = int((5-3.14)/0.2) + 1 #计算出序列长度
rst = [3.14 + i * 0.2 for i in range(size)]
print(rst)
```

输出为：

```
[3.14,    3.3400000000000003,    3.54,    3.74,    3.9400000000000004,
4.140000000000001, 4.34, 4.54, 4.74, 4.94]
```

【例 4-2】使用 numpy.arrage 函数构造序列。

```
import numpy as np
rst = np.arange(3.14,5,0.2)
rst
```

输出为：

```
array([3.14, 3.34, 3.54, 3.74, 3.94, 4.14, 4.34, 4.54, 4.74, 4.94])
```

以上输出是 numpy 中的数组对象 array。

5. 当步长为 1 时，range 对象蕴含的元素数目等于 stop-start。牢记这一特性可以在编写循环程序时快建确定 range 的参数形式。

6. range()对象是可迭代的(iterable)对象，这意味着 range 对象可以用 for 循环遍历访问（迭代）。但并不是迭代器(iterator)，即访问一次 range 对象之后，其中的元素并不会因访问而消耗掉，元素的访后消失是 iterator 的特性。

知识点

惰性生成(Lazy Evaluation)的对象，由于保存的是算法，而非实体，因此所占内存空间较少。

验证代码如下：

```
import sys
a = range(100000)
b = list(a)
print(sys.getsizeof(a))
```

```
print(sys.getsizeof(b))
输出为:
24
450060
```

4.2.2　for 循环

for 循环的语法如下:

```
for 循环变量 in 序列:
    语句块 1
[else:
    语句块 2]
```

for 循环遍历序列中的元素,每一次都执行语句块 1.当遍历完成之后,执行语句块 2。它适合重复迭代次数明确的情形。例如,用 for 循环来求解 1+2+3+......+100 的值,在设计程序之前,我们已经知晓程序所要加总的对象,总迭代次数 100 是明确的。代码如下:

【例 4-3】求 1~100 的和_v1。

```
total = 0 #用于存储和
for x in range(1, 101): #循环变量,range 表示 1 到 100
    total = total + x #循环体,total 每次增 x
print(total)
```

可见,for 循环的逻辑是设置一个使循环持续进行的条件,如果该条件满足,则持续执行循环体。在上面的代码当中,循环变量在可迭代的对象 range 当中不断前进,这段代码还有以下几点须说明:

● 循环变量 x 在这种语法环境下可以直接使用,并不须要预先赋值。

● 与 if 语句类似,在 for 之后须要带有冒号,冒号意味着下一行要进入缩进。

● range 函数当带有两个参数,如 range(1,101)时,返回蕴含 1、2、...100 序列的对象,这个对象是惰性生成的,是左闭右开的。

● 与 if 语句类似,循环体以缩进的形式呈现,比如在本例中,循环体为一行。

本例仅演示了使用 for 循环求 1~100 之和的方式。实际上,可以用一个表达式求得结果,如下:

【例 4-4】求 1~100 的和_v2。

```
>>> sum(range(101))
5050
```

与 if 语句类似，for 循环之后可以带 else 子句。else 子句在循环正常退出时执行，如果循环被 break 语句以中断方式退出，则不执行。下面的程序在一段字符串中查找字母 z，如果找到则输出其位置，如找不到则输出提示。

```
s = "laahotehheoahtxetklrklt"
for i in range(len(s)):
    if s[i] == "z":
        print("找到了，位置在：", i)
        break
else:
    print("很遗憾，没找到")
```

输出：

```
很遗憾，没找到
```

在上面的例子中，由于字符串 s 中不包含"z"，因此 for 循环的循环体执行完之后，进入 else 子句，并打印。但是，要实现同样的效果，完全可以考虑更加主流的方式，即启用一个标志位，并且在 break 之前修改标志位，如下：

```
s = "laahotzehheoahtxetklrklt"
find = False #设置标志位
for i in range(len(s)):
    if s[i] == "z":
        print("找到了，位置在：", i)
        find = True #修改标志位
        break
if not find: #使用标志位
    print("很遗憾，没找到")
```

输出：

```
找到了，位置在： 6
```

上面的例子说明：for...else...这样的用法可以使用不带 else 子句的 for 循环来替代，这也是 Python 社区一部分程序员所倡议的，他们提议摈弃 for...else...以及 while...else...这种非主流用法，而用不带 else 子句的 for 循环和 while 循环。

【例 4-5】打印输出九九乘法表。

```python
for i in range(1,10):
    for j in range(1, i+1):
        s = f'{i}*{j}={i*j}'
        print("%-6s"%s,end=" ")
    print("")
```

程序点评：这个一个双重循环，外层循环变量 i 处理行，也表示口诀中乘号左边的数。内层循环变量 j 处理列，也就是乘号右边的数。因为第 i 行有 i 个口诀，因此 j 的范围是[1,i+1)。第 3 行使用格式化字符串 f-string，将整数和运算符号组装成一个整体。第 4 行参数-6 表示左对齐，且占据 6 位字符，这样输出就不会因为有些 5 个字符、有些 6 个字符而不整齐。输出为：

```
1*1=1
2*1=2  2*2=4
3*1=3  3*2=6  3*3=9
4*1=4  4*2=8  4*3=12 4*4=16
5*1=5  5*2=10 5*3=15 5*4=20 5*5=25
6*1=6  6*2=12 6*3=18 6*4=24 6*5=30 6*6=36
7*1=7  7*2=14 7*3=21 7*4=28 7*5=35 7*6=42 7*7=49
8*1=8  8*2=16 8*3=24 8*4=32 8*5=40 8*6=48 8*7=56 8*8=64
9*1=9  9*2=18 9*3=27 9*4=36 9*5=45 9*6=54 9*7=63 9*8=72 9*9=81
```

【例 4-6】鸡兔同笼问题_v1。

鸡兔同笼问题记载于"孙子算经"。题目为：今有鸡兔同笼，上有三十五头，下有九十四足，问鸡兔各几何？求解此问题当然可以通过代数的方法，比如求解二元一次方程组，我们称这种方法为解析法。但是，计算机的出现为求解此类问题提供了新的思路，思路如下，在平面上构建一张大表，譬如为 1000 行 1000 列，让每个单元格的行号（以 1 为起点）表示鸡的数目，列号（以 1 为起点）表示兔的数目，如此从左往右，自上而下遍历这种大表，遍历时对每个单元格进行判断，查看当前的鸡数和兔数是否符合题设要求，一旦符合，则输出最终解。程序由此而展开：

```python
for chick in range(1,1001):
    for rabbit in range(1,1001):
        if chick + rabbit == 35 and chick * 2 + rabbit * 4 == 94:
            print(chick, rabbit)
```

程序输出：

```
23 12
```

经代入验证，上述结果正确。当然这段代码存在性能问题，后续会继续剖析。

【例 4-7】求三位水仙花数_v1。所谓水仙花数，是指该数的各位数的立方和等于该数本身。因此，编程思路是遍历最小的到最大的三位数，然后对每个数进行测试，如果是水仙花数则打印输出。

```
for i in range(100,1000): #100~999
    #分别取得百位、十位和个位a,b,c
    a,tmp = divmod(i,100) #tmp为i-a*100,即十位和个位组成的两位数
    b,c = divmod(tmp,10)
    if a**3+b**3+c**3 == i:
        print(i, end=",") #输出的数用逗号分隔
```

输出：

```
153,370,371,407,
```

【例 4-8】求三位水仙花数_v2。本方法变换求解思路，不再对 100~999 之间的数进行遍历，而是对百、十、个位三个数分别遍历，构造三重循环。这个思路可以免去前面方案中将三位数拆解为百、十、个 3 位的麻烦。代码如下：

```
for a in range(1,10): #百位1~9
    for b in range(0,10): #十位0~9
        for c in range(0,10): #个位0~9
            #构造数
            num = a*100 + b*10 + c
            if num == a**3 + b**3 + c**3:
                print(num, end=",")
```

输出结果与上例完全相同。

4.2.3　break 语句

break 语句用在循环体之内，用途是退出本层循环。break 语句常和条件判断组合使用，表示在特定的条件下退出循环。

【例 4-9】鸡兔同笼问题_v2。仔细分析【例 4-6】的鸡兔同笼问题，程序依然有两处细节有待改进，如下：

1. 程序中构建的 1000 行*1000 列的大表相当富余，当然这是纯计算机解题的做法。实际上，如果在计算机解题的做法的基础上，善用已知条件，将计算机的"任性"和数学知识的"理性"结合起来，就可以给 CPU 减负。不难发现，因为总共只有 35 个头，所以鸡和兔的数量都不会大于 35。进而，表格可以瘦身为 35 行*35 列，这样一瘦身，就大大压缩了循环的次数，减少了 CPU 算力的浪费。

2. 程序在得出最终解之后，循环没有因而停止，而是继续遍历，直到大表的最后一格，这也是原先代码的瑕疵，因此这样做同样是无谓地消耗 CPU。对此，可以利用 break 语句提前结束循环。但是本例是双重循环，而 break 仅能退出当前循环，因此如何退出到最外层，还须要进行设计。

```python
get_solution = False
for chick in range(1,35+1):
    for rabbit in range(1,35+1):
        if chick + rabbit == 35 and chick * 2 + rabbit * 4 == 94:
            print(chick, rabbit)
            get_solution = True
            break
    if get_solution: #采用接力方式退出外层循环
        break
```

程序点评：本例中，退出外层循环的思路是设置一个标志位 get_solution，初始值为 False，在内层获得解的时候，赋其值为 True，在外层检测 get_solution 的值，一旦发觉为 True，即跳出外层循环。这样的操作的确颇为繁琐，试想，如果循环不止两层，而是三层甚至更多层又该如何呢？此时可以借用定义函数的方法，利用函数中的 return 语句，一步到位，获得解后即行退出。

【例 4-10】鸡兔同笼问题_v3。

```python
def calcCR(head, foot):
    for chick in range(1,head+1):
        for rabbit in range(1,head+1):
            if chick + rabbit == head and chick * 2 + rabbit * 4 == foot:
                return chick,rabbit #一步到位退出函数


print(calcCR(35,94))
```

输出结果为一个元组：

```
(23, 12)
```

程序点评：这里使用 def 定义了函数 calcCR，并且以头和脚的数量作为参数。借助函数的 return 语句，从内层循环体中直接退出。def 引导的自定义函数的方法将在下一章详细介绍。

4.2.4　while 循环

while 循环的语法如下：

```
while 条件表达式：
    语句块 1
[else:
    语句块 2]
```

while 循环执行的逻辑是：每次进入循环前检测条件表达式，如果为 True，执行循环体，如果为 False，执行 else 子句。同样，while...else...循环都可以用 while 循环来代替，因此 Python 社区建议摈弃带有 else 子句的非主流用法。

while 循环适用于循环体执行次数不明确的情形。典型地，循环体会修改某些关键变量，使得条件表达式的值从起初的 True 变为后来的 False，循环退出。

另外一种典型应用是：使用 while True 引导循环，在这种写法下一定会配合 break 语句适时地退出循环，否则就成了无限消耗 CPU 资源的死循环。

【例 4-11】求 1~100 的和_v3。

```
total = 0 #用于存储和
x = 1 #初始的循环计数器值
while x <= 100: #循环执行条件
    total = total + x #循环体, total 每次增 x
    x += 1 #循环计数器自增 1
print(total)
```

输出：

```
5050
```

【例 4-12】求 1~100 的和_v4。使用带 break 的无限循环。

```
total = 0 #用于存储和
x = 1 #初始的循环计数器值
while 1: #无限循环
    total = total + x #循环体, total 每次增 x
    if x >=100:
```

```
        break
    x += 1 #循环计数器自增1
print(total)
```

输出：

```
5050
```

【例 4-13】求解数学题。"今有物不知其数，三三数之剩二，五五数之剩三，七七数之剩二，问数几何？"。该题可通过从 1 开始，逐个判断的方法求解，属于初始时不知循环次数的情形。因此，须配合 break 以当条件满足时退出循环，程序如下：

```
num = 1 #初始值
while True: #无限循环
    if num%3==2 and num%5==3 and num%7==2:
        break #跳出循环
    num += 1
print(num)
```

输出：

```
23
```

温故知新

在if、for和while语句中，总会涉及到对表达式进行判断。这时，我们需要表达式的值是布尔类型。但是，如果不是，Python也能自动进行转换。

Python将整数0，浮点数0.0，None，空字符串，空列表等对象转换为False，其他转换为True。因此，经常会看到while 1这样的快捷写法，表示的就是while True。

4.2.5 continue 语句

continue 语句用在循环体之内，用途是提前结束本轮循环进入下一轮循环。continue 语句常和条件判断组合使用，表示在特定的条件下提早进入下一轮循环，它一般用于处理须做特殊对待的情形，如下：

```
for letter in 'I love python':
    if letter == ' ': #引号中为空格
        continue
    print(letter, end='') #引号中无内容
```

这段代码处理的就是当 letter 为空这个特殊情形，此时跳过本轮，而进入下一轮循环。因此代码最终输出 Ilovepython，中间不带空格。当然，要实现同样的效果，也可以不使用 continue，如：

```python
for letter in 'I love python':
    if letter != ' ':
        print(letter, end='')
```

但是，无疑 continue 语句的存在，给程序作者增加了选项和灵活性。

【例 4-14】模拟 Thonny 的 Shell 环境。用'==>'提示用户输入，用户输入字符串之后，回应"你输入了"+用户所输入内容；当用户输入的字符串以#开头时，不作回应；当用户输入'quit'后，循环退出。

```python
while True:
    inp = input('==>')
    if inp[0] == '#':
        continue
    if inp == 'quit':
        break
    print("你输入了" + inp)
print('Byebye')
```

程序运行的效果请读者自行验证。

【例 4-15】猜数字游戏。游戏规则说明：外层循环不断产生 4 位整数供用户猜想，用户随机猜出一个结果后，程序反馈正确数字的个数（位置不一定正确）和准确数字的个数（数字和位置都正确），用户根据程序反馈继续猜测。用户输入"next"时表示放弃本次整数，输入"exit"时结束程序。

```python
import random
def compare(s1, s2): #获取正确的数字个数和准确的数字个数
    m,n = 0,0
    for i in range(len(s2)):
        if s2[i] in s1:
            m += 1
        if s2[i] == s1[i]:
            n += 1
    return m,n
```

```
while 1:
    the_num = random.randint(0,9999)#生成一个整数，含有两端。
    the_str = str(the_num).zfill(4) #构造长度为 4 的字符串，如 102=>"0102"
    print("4 位整数已就绪，请猜一猜:\n")
    time = 0
    while 1:
        inp = input(">")
        time += 1
        if inp == "next":
            break
        if inp == "exit":
            exit()
        if inp == "peep":
            print(the_str)
            continue
        if len(inp) ==4 and inp.isnumeric():
            m,n = compare(inp, the_str)
            print("Time(%d): %d IN %d RIGHT"%(time,m,n))
            if n == 4:
                print("Great!")
                break
        else:
            continue
```

测试效果如下:

```
4 位整数已就绪，请猜一猜:

>peep
4627
>4628
Time(2): 3 IN 3 RIGHT
>6247
Time(3): 4 IN 1 RIGHT
>next
```

4 位整数已就绪，请猜一猜：

程序点评：由于获取正确的数字个数和准确的数字个数这一任务相对独立，也是本程序设计的核心，因此宜用函数实现，以增加代码可读性，函数的定义方式将在第 5 章讲述。行 len(inp) ==4 and inp.isnumeric()表明只对输入正确的情形（4 位整数）进行处理，否则 continue 到下一轮循环。本例中还增加了 peep 命令，在实战中可以用来窥视程序随机生成的数字，作为程序员，设置这个机关也便于自己对代码的调试。

4.3 循环的典型应用

4.3.1 汇总型循环

汇总型循环适用这样一些场景：统计一份学生成绩清单中及格者的人数，或统计一段文本中各种类型的字符的数目等。对于这样的需求，一般是完全遍历整个对象，并且设置临时变量来存储所需要的中间结果，直至遍历完成后获得最终结果。

【例 4-16】统计一份成绩单中及格者的人数和平均分。

```python
score = [70,54,84,92,84,96,59,77,74,52,61,60,47,81]
count = 0; #给变量赋初始值
total = 0; #给变量赋初始值
for s in score: #遍历
    if s >= 60:
        count += 1 #累加个数
        total += s #累加分数
assert count>0 #用在 count 作除数之前，以避免可能的除数为 0 错误
average = total/count
print(average)
```

输出：

```
77.9
```

【例 4-17】统计一段字符串中数字、字母及其他字符的个数。

```python
s = input('请输入一段任意字符:\n')
letter = 0
```

```
space = 0
digit = 0
other = 0
for c in s:
    if c.isalpha():
        letter += 1
    elif c.isspace():
        space +=1
    elif c.isdigit():
        digit +=1
    else:
        other +=1
print("有%d 个字母,%d 个空格,%d 个数字以及%d 个其他字符。"%(
letter, space, digit, other))
```

运行之后效果为:

```
请输入一段任意字符:
aetat aett 13535 a4t4 25q3 atett
有 17 个字母,5 个空格,10 个数字以及 0 个其他字符。
```

4.3.2 发现型循环

发现型循环适用这样的场景:查找一份学生成绩清单中的最高分。对于这样的需求,编程思路是:首先设置第一个记录为最高分,然后遍历整个清单,当存在一个比当前记录高的分数时,用新的较高值更新旧的记录,当清单遍历完成后,最后记录的就是全局最高分。

【例 4-18】取得一份成绩单中的最高分。

```
score = [70,54,84,92,84,96,59,77,74,52,61,60,47,81]
record = score[0] #设置初始记录
for s in score: #遍历
    if s > record:
        record = s #刷新记录
print("最高分是: ", record)
```

输出:

最高分是: 96

可见，即使这个最高分出现在前半段，但是要完成整个任务，也有必要遍历完整个清单。

4.3.3 将一维数据矩阵化

编程实践中常有这样的应用，将线性排列的数据在两个维度上重新组织。这时候求商和求余的数学运算可以派上用场。

【例 4-19】给某班 48 名考生随机排座位。假设考生学号为 1~48，考场为 8 行6 列，要求给所有考生按照格式 1:3:4（表示 1 号考生位于第 3 行第 4 列）输出座位代码。

```python
import random


num = 48
nRow = 8
label = list(range(1, num+1)) #1~48 号考生的标签
random.shuffle(label) #给 label 洗牌，然后按标签就坐

for i in range(1, num+1): #定义 i 为考生学号
    row_no = label[i-1]%nRow +1 #根据标签计算行号，+1 表示 1 起点
    col_no = label[i-1]//nRow +1 #根据标签计算列号，+1 表示 1 起点
    s = f'{i}:{row_no}:{col_no}' #按照格式输出字符串
    print(s)
```

一组输出的局部为:

```
1:1:7
2:1:3
3:6:1
......
48:2:3
```

4.4 断言和捕获程序错误

在程序编写的过程中，由于设计的不严谨、书写的疏忽、用户的错误输入等原因，会使得程序运行的结果不符合预期。并且当程序的体量变大，规模越加复杂时，这种可能性也就越大。因此，程序员可以在关键点插入辅助性的语句，来验证自己的判断，从而进行程序调试。

思路一：使用 print 函数，或者带条件的 print 函数，通过 print，输出关键变量的状态，从而把握程序运行的状况。

【例 4-20】求方根。

```python
import math
prompt = "Pls input 3 integers: \n"
inp = input(prompt)
a,b,c = map(int, inp.split(","))
root = math.sqrt(b*b - 4*a*c)
print(root)
```

上面的代码请求用户输入 3 个整数 a,b,c，并且希望输出以这三个数为一元二次方程 $ax^2 + bx + c = 0$ 的 delta 的方根。假设代码作者并不清楚 math.sqrt 函数在输入为负数时会报错（他这样假设是合理的，因为 Python 支持复数类型），又假设该编程者多次测试这段代码，当他使用的 a,b,c 组合为 2,8,1 或为 3,9,-5 时，一切均正常。但是测试 3,4,5 时，错误发生了。那么他应当如何排查错误呢？当然他可以查看报错的说明，为：

```
ValueError: math domain error
```

如果依然不能理解，他就应该考虑这么做了：在给 root 赋值之前，插入 print 函数打印出关键变量：

```python
print(a, b, c, b*b-4*a*c)
```

这样做有两点效果，一是调试者会发现每次 print 语句能正常输出，由此确认错误肯定不在该语句之前。二是多次测试不同的输入值，调试者能发现规律：当 b*b-4*a*c 为负数时才报错，这样他离真相就只有一步之遥。因此，在代码中，使用 print 函数来输出关键变量的信息是非常重要、主流的调试方法。

然而，在大批量的执行循环语句中，如果要频繁输出关键信息，会使得输出密集呈现，令测试者目不暇接。为此，可考虑使用间歇性的 print 输出来呈现信息。如：

```python
x = 3; y = 5
```

```
for i in range(1000000):
    #隐藏了一些代码
    if i%1000 == 0:
        print(x, y)
    #隐藏了一些代码
```

上述做法的缺点是，在调试阶段插入的密集密集存在的 print()语句在发布阶段必须删除，因为大量额外的输出给用户的体验不佳。为此，介绍思路二。

思路二，插入 assert 断言语句，格式为：

```
assert expression
```

该语句在 expression 为 True 时，不作任何响应，在 expression 为 False 时抛出异常。假如我们考虑给初中数学老师编写一个自动求解返程$ax^2 + bx + c = 0$的解的程序，由于不用考虑 delta 为负数情形下的解，因此，可以在调用 math.sqrt()前，使用

```
assert b*b-4*a*c >=0
```

这个断言语句当不等式成立时没有任何输出，当不等式不成立时，抛出异常。

经验谈

一个好的程序，不可以因为用户的输入不符合预期，就直接报错，进而退出。

程序的设计者有义务尽可能多地考虑各种异常情况。比如，设计电视机接收遥控器信号的解析程序时，就要考虑遥控器被顽皮的儿童随便操纵的各种情况，当遥控器按钮被按下时，程序员应该将错乱的输入屏蔽在核心处理程序之外，而不能任其干扰正常的处理任务，从而破坏电视机。

继续考察【例 4-20】求开方的代码，其中最容易发生错误的其实是第 4 行，即：

```
a,b,c = map(int, inp.split(","))
```

因为本行和用户的输入高度相关，举例而言，当用户输入字符串为以下组合时，该行均会报错：

- 7, 8.5, 9 　　　#出现了浮点数

- 7 8 9 　　　#使用了规定外的分隔符

- 7，8，9 　　　#使用了中文逗号

- 8,9 　　　#少了一个整数

对于这些林林总总的输入错误，是否须要针对每一种情况专门给出反馈提示？

当然，这样做从用户友好的角度来说是非常必要的，但是无疑给程序员增加了极大的麻烦。因此，程序员可以采用一种办法，将所有的错误情形打包为异常，并且在异常发生时提示用户进行处理，从而毕其功于一役。改造后的代码如下：

```python
import math
prompt = "Pls input 3 integers：\n"
while 1:
    inp = input(prompt)
    try:
        a，b，c = map(int, inp.split("，"))
        break
    except:
        print("输入不符合规定要求，请检查后重新输入。\n")
delta = b*b - 4*a*c
assert delta >= 0
root = math.sqrt(delta)
print(root)
```

从这段代码可以看出，虽然程序最核心的计算部分只有一条语句，即给 root 赋值的倒数第 2 行。但是为了这一步，在前面有大量的支撑步骤，这些步骤都是为了使程序能够平稳地运行到此而服务的。假设这个程序运行了成千上万次，而其中大部分的输入都是符合规范的，那么第 9 行的打印输出语句其实极少有机会运行。因此说，程序中的各部分代码,他们被执行到的机会不是均等的,这里存在一个 80%~20% 定律。

经验谈

> 80%~20% 定律：在社会科学中，存在80%~20%定律。比如企业所生产的20%的产品创造了80%的利润，其余80%的产品创造了20%。
>
> 在程序设计中，也存在类似的规律。即：程序在80%的时间内执行的是20%的代码，而在20%的时间内执行的是80%的代码。
>
> 那些很少被执行的80%的代码，大部分是用于使程序更加稳健，如对输入进行校验判断，这些代码的存在十分必要。
>
> 实际中，比例可能比8:2更加悬殊。

4.5　程序的调试

　　程序员在编写和调试程序的过程中，常常遇到解释器报告错误这样的情况。对于这样的报错，应该抱有"闻过则喜"的心态。因为，每一次报错是一个学习的机会，如果编程者能从每一次错误中吸取教训，就能更好地提高自己，养成良好的思维习惯和编码习惯，这样，通过日复一日持久的训练，就能量变促成质变，不断提高程序设计水准，将自己打造成为经验丰富、训练有素的专业程序员，因此，凡有志从事程序设计的人应该以错误为师。

4.5.1　语法错误

　　如果程序中存在语法错误，解释器在语法检查阶段会发现并报告错误所在行。一般情形下，报错的位置就是错误发生的位置。但解释器的智能是有限的，少数情况下，错误并不发生在所报告的行，这种情况下应该考虑在报错行的代码前方查找错误，这是由于前面的错误对于解释器而言，有另外的但也是正确的解读，而这种解读到了后续行，解释器终于无法继续下去，从而报错。

4.5.2　运行时错误

　　顾名思义，运行时错误是指程序报错发生在运行阶段，这时代码已经通过了 Python 的语法检查。相对于语法错误，运行时错误相对难对付一些。但是，请相信，在测试阶段报错，依然是好事，程序能报错比不报错好。历史上，有些错误程序员都没有机会发现，就作为产品发布了，这样所造成的影响和损失就大多了。

　　那么，对待运行时错误，要怎么改进完善程序呢，有这几种手段：

● 　加强测试，使得错误尽可能地复现，只要错误能复现，离找出错误就不远了。

● 　增强代码的鲁棒性（即健壮性），对函数的输入参数，对来自用户的输入进行测试，判断是否符合函数或程序预设的输入条件。

　　当然，前文说了，如果错误能在测试阶段爆出是好事。程序员应当避免将潜在错误的代码发布，要做到这一点，需要测试人员的配合，程序的测试又是一门很大的学问。对于初学者而言，要记住的是，尽可能地将所有的分支跑一遍，将所有可能的输入组合试一遍，这样就很大程度上减少了错误潜伏下来的可能。

4.5.3 语义错误

所谓语义错误，是程序根本不报错，但是程序运行的结果不符合预期，因此程序依然是错的，存在 bug。对于这样的错误，如果每次都能复现（通常会是这样），那就是相当于是站在明处的敌人，就看你能不能把它抓出来，这比敌人躲在暗处的运行时错误，还显得好对付一些。

对于 Python 而言，一种典型的语义错误是由没有正确地使用代码缩进。

知识点

bug的故事：美国的艾肯博士研制出了马克2号计算机，在研制过程中，诞生了一个新词debug来表示排除计算机故障，它的出现是这样的：

在盛夏的时候，美国水上研究中心使用马克-Ⅱ计算机进行数据处理时，经常停止工作，其原因是，由于天气炎热加上机房无空调设备，致使大量飞蛾在机房中乱飞，这些飞蛾飞到正要闭合的继电器触点之间被继电器触电夹住，导致电路中断，造成工作故障。只要将飞蛾找出拿掉，就可以正常工作，因为飞蛾的英文是bug，所以工作人员创出了debug表示排除计算机故障。

4.5.4 使用集成开发环境调试程序

除了通过在代码中插入 print 函数等"编码调试"方法，还可以使用集成开发环境 IDE 所提供的 debug 功能。使用 debug 调试相比编码调试的方式更彻底，更高效。各款不同的 IDE 所提供的调试功能并不完全相同，但也大同小异，以轻型 IDE Thonny 为例：

● 可以设置断点、并且全速运行至断点。

● 可以单步执行、进入和跳出函数、全速运行。

● 可以查看变量的值（配合 step into）。

图 4-1 展示了 Python 程序停止在中断行的情形，要以调试方式运行程序首先要点击虫形图标，即 debug current scripts。尔后，可以根据需要选择 step into（查看语句明细），step over（执行并跳过），step out（跳出语句），resume（继续执行）等功能，对这些操作的掌握须要在实践中不断体验并逐步熟悉。

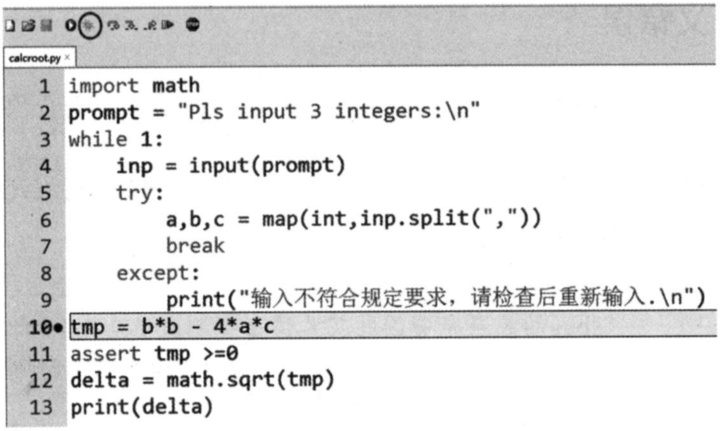

```
1   import math
2   prompt = "Pls input 3 integers:\n"
3   while 1:
4       inp = input(prompt)
5       try:
6           a,b,c = map(int,inp.split(","))
7           break
8       except:
9           print("输入不符合规定要求，请检查后重新输入.\n")
10● tmp = b*b - 4*a*c
11  assert tmp >=0
12  delta = math.sqrt(tmp)
13  print(delta)
```

图 4-1   Thonny 环境下的调试界面

本章要点

1. 理解 if 引导的分支结构和 for、while 引导的循环结构。
2. 熟悉 range 函数的参数、返回值，理解其左闭右开的特性和惰性生成的特性。
3. 熟悉 break、continue 语句，善用 break 提早结束循环。
4. 理解 for、while 循环的适用场景。
5. 熟悉循环的典型应用场景。
6. 学习并熟练掌握程序调试的方法。

思考与练习

1. 某学校勤工助学岗位鼓励学生更多地将时间用于学业，设置阶梯式劳动定价方案。每月劳动时间小于或等于 24 小时的，单价为 78.35 元/小时；每月劳动时间超出 24 小时的，超出部分单价为 64.55 元/小时。请编写程序，根据用户输入的时长（以小时为单位、可以是小数）计算总报酬，并且金额保留到小数点后 2 位小数（提示：使用 round 函数）。部分测试用例如下：

```
>>> %Run calc.py
请输入本月工作时长: 19.5
共酬金为:   1527.82 元
```

```
>>> %Run calc.py
请输入本月工作时长：27
共酬金为： 2074.05 元
```

2. 改造本章练习的第 1 题，以增强程序的稳健性。要求如下：

   a) 不管用户输入为何，都不报告运行时错误。当用户输入不合规时，提示"请输入正确的工作时间。"

   b) 用户输入结束后，继续循环提示用户输入，直到用户输入字符串 "byebye"，循环退出。

3. 观察下列表达式，猜想其值，并在 Shell 中验证你的猜想：

```
>>> range(15)
>>> list(range(15))
>>> list(range(4,15))
>>> list(range(4,15,3))
```

4. 输入一个正整数 n，求从 1 开始到小于 n 的所有奇数之和。部分测试用例如下：

```
>>> %Run total.py
请输入一个正整数：9
和为： 16

>>> %Run total.py
请输入一个正整数：10
和为： 25
```

5. 改写程序【例 4-9】，在代码中加入计数语句，每执行一次 if 判断，即将计数值增加 1，计数器的初始值为 0，最后在程序结束前输出该计数器的值。先不执行程序，推断该值为何，然后执行程序，验证你的推断。

6. 编程求 n 为 1~300 时，下列表达式的值，并打印输出。

   a) $(1 + \frac{1}{n})^n$

   b) $1 + 1 + \frac{1}{2!} + \frac{1}{3!} + \cdots + \frac{1}{n!}$

7. 设计一段程序，不停歇地读取用户输入的数值。当用户输入不是合法数值时，提示"输入无效"，当用户输入 "over" 后，循环退出，并输出所有有效值中的最大值、最小值和平均值。

8. 输出区间 [1,100] 中的整数序列，用逗号分隔，并且逢 7 的时候输出字符串 "^_^"，逢 7 是指数字中含有 7 或者是 7 的整数倍。

9. 探索 random 模块中 randint 函数用法，在 [1,100] 之间随机产生一个整数。提示用户该整数的范围，并要求用户输入他猜测的结果。每次用户输入完成后，给予如下反馈之一："这是您猜的第 N 回，您猜测的结果偏小"、"这是您猜的第 N 回，您猜测的结果偏大"、"这是您猜的第 N 回，您猜中了"。

10. 六碗问题。将一百只馒头分装在六只大碗里，使得碗碗不离六。也就是每碗馒头的数目都包含数字 6（6 可以出现在十位）。

11. 输出 3 位到 7 位的所有水仙花数。所谓水仙花数，是指该数的各位数的立方和等于该数本身。

12. 使用循环，判断以下字符串是否对称字符串，所谓对称字符串，是指字符串和它的倒序表示完全相同，如"goog"、"pop"是对称字符串，两行字符串可在 github 中（网址见附录）下载 Symmetry_str.txt。

    a) 'i love python nohtyp evol i'

    b) '10111011010101011101011101010101011011101'

13. 在 github 中下载 student.txt 文件，读取文件内容，使用循环语句，发现其中男、女生的人数以及男、女生考试通过的比例。

14. 在 github 中下载 salary.txt 文件，读取文件内容，使用循环语句，发现其中总工资的最高值、最低值及所对应的工号。

15. 模拟比特币挖矿。定义字符串 s1 为你的姓名，定义整数 pad 为一个正整数，定义字符串 s2 为：

```
s2 = s1 + str(pad)
```

    试找出一个恰当的正整数，使得通过 hashlib.sha256 函数求得的 256 位二进制数的头部 20 位均为 0。输出：s1、pad 和所得的 hash 值，hash 值用 16 进制整数表示。

16. 输出 psw.txt，其中每一行为四个字符，按从 A000、A001 到 Z999 的顺序排列，规律是最左侧位为大写字母，右侧三位为阿拉伯数字。可知该文件共 26000 行（26000==26*10*10*10）。

17. 分析本章第 16 题输出的 psw.txt 文件，使用 hashlib.sha256 函数求每一行的 hash 值，从中筛出头部为"010100100000"的原值、hash 值组合；再筛出头部为"0001001100010100"的原值、hash 值组合。

18. 编写一个函数，接收输入参数 n，n 介于 1~9 之间，根据输入输出如下图形。

    a) 当 n=1 时，输出 1**2，即 1 个方格子，形如：

    +-+

    +-+

    b) 当 n=2 时，输出 2**2，即 4 个方格子，形如下图，其余类推。

    +-+-+

    +-+-+

    +-+-+

19. 解释语法错误、语义错误、运行时错误的差异。

20. 使用 Thonny 调试以下代码，掌握断点设置、单步执行、查看变量等主要用法。

```
import math
import random
```

```python
def distance(x1,x2,y1,y2):
    return math.sqrt((x1-x2)**2+(y1-y2)**2)


x1 = 0
y1 = 0
for _ in range(6):
    x2 = random.random()
    y2 = random.random()
    dis = distance(x1,x2,y1,y2)
    dis_ = round(dis,2)
print(dis_)
```

第 5 章
函数和模块

目前，我们已经接触到不少内置(built-in)函数和模块，如 type、id、print 函数、math 模块等。Python 的设计者为了方便程序编写，将常见的任务需求设计为函数，将处理类似任务的函数（及变量）组织成模块。开发者应该尽量多地使用这些现成资源，这是因为这些资源（多是函数）稳定可靠、历经大量用户的检验，同时也因为这些函数在性能上作了优化处理。但是，Python 自带的函数和模块数量有限，不可能涵盖用户需求的每个方面。和其他语言一样，Python 支持自定义函数和模块的方式。本章主要介绍函数和模块的定义语法、匿名函数、递归函数以及常用的模块：math、random、time、sys、os 等。

5.1 用户定义的函数

用户可以按如下语法定义函数：

```
def 函数名([形参[,..., 形参]]):
    函数体
```

上面的定义中，def、函数名、括号()和冒号:是必须的，不可或缺。函数体相对首行处于缩进状态，从代码的上下文来看，当某行代码的缩进退回到和 def 对齐时，则认为函数体结束了。一般建议，在函数的定义和其他代码之间插入一个空行，这样代码层次更加清晰。函数体不能为空，未设计妥时可用占位语句 pass 代替，pass 表示空操作，即什么都不做。

形参表示设计阶段形式上的参数。Python 中，形参可以没有确定的类型，但是不能影响后续运算的合规性。形式参数的数目可以是 0 个、1 个、多个，也可以是不定个。

函数可以向调用者返回结果。如果有返回的结果，则使用 return 表达式的形式，将表达式的结果返回调用者。配合分支语句，函数的返回值可以混杂，比如有时返回数值，有时返回字符串。也可以使用：

```
return 表达式 1, 表达式 2,...
```

返回由多个值构造的元组。return 后面的表达式可以省略，此时返回 None。return 语句也可以省略，当省略时函数依然返回 None。例如：

```
def print_twice(inp):
    print(inp)
    print(inp)
print(print_twice(8))  #输出两行 8 和一行 None
```

在上面的程序中，第 1~3 行为函数 print_twice 的定义。第 4 行为对函数 print 和 print_twice 的复合调用。

为什么要定义函数呢？函数是程序设计的重要构成要素，可以减少代码的重复，缩减程序的篇幅。例如，人们在编程过程中常须对某数求绝对值，求绝对值的核心代码如下：

```
if a > =0:
    rst = a
else:
    rst = -a
```

为实现此常用功能，Python 提供了 abs 函数，其内部封装了类似的代码实现。这样做的好处是，用户在多处求取绝对值时，就无须多次重写上述代码，而只须调用 abs 函数。除此之外，函数的存在还有一个意义，增加程序的可读性，将用途明晰的一部分操作独立组合起来，构建函数，并且调用这个函数，哪怕只调用一次，有时也是有意义的。

函数名字最好是有意义的，这和变量名相同。函数名在形式上建议采用驼峰命名法。驼峰命名法是指由若干个单词或单词的缩写构成，第一个单词首字母小写，后续的单词首字母大写，其余字母小写的命名风格。例如：

```
printName()
```

```
prtName()
getFlag()
calcSumCubic()
```

Python 中，函数的定义必须先于对函数的调用，也就是说编写程序时，定义应当位于调用位置的前面。解释器运行函数定义时，在内存中创建函数对象，但并不执行相应代码。函数定义的代码只有发生调用时才被执行。

在内存中创建函数对象之后，可以通过 id、type 函数观察函数对象的地址、类型，如下：

```
def calc(a,b):
    return a**2 - b**2
print(id(calc))      #输出一个地址，如 48885168
print(type(calc))    #输出<class 'function'>
```

也可以将该对象赋值给某变量，赋值之后，该变量指向函数，这也意味着可以通过新的变量名来调用函数。如下：

```
va = calc #代码续前
print(va(4, 3)) #输出 7
```

程序运行至函数调用时，首先执行参数传递，参数传递的本质是变量赋值，将实际参数赋给形参，然后程序跳转到函数体内继续执行。直至 return 语句退出，如果没有 return 语句，程序运行完整个函数后退出。

```
import math
def calc(x,y): #这里开始函数的定义
    tmp = x*x + y*y
    rst = math.sqrt(tmp)
    return rst
rst = calc(3,4) #这里是函数调用
                #当调用发生时,将 3 赋值给 x,将 4 赋值给 y
                #过程类似于:x = 3; y = 4
print(rst)
```

当调用函数时，即使被调函数没有定义参数，函数名后接的()也不可省略。

在自定义函数中撰写"帮助"文档。

当我们使用help(函数名)查看Python内置函数的说明文档时，我们能看到一些帮助文本，通常我们会从这些说明性说明性文字中获得对函数更精准的理解。

那么，对于我们自己定义的函数怎么做到这一点呢？其方法就是在在函数头和函数体之间使用三引号插入字符串，这就是帮助文本，有了帮助会使函数更加友好。例如：

经验谈

```
>>> def myFun():
    """这是函数 myFun()的帮助文档"""
    pass


>>> help(myFun)
Help on function myFun in module __main__:


myFun()
    这是函数 myFun()的帮助文档
```

【例 5-1】实现银行卡卡号的 Luhn 检验。当你输入银行卡号的时候，有没有担心输错会造成损失？其实大可不必如此担心，因为并不是任意随便的号码都是合法的银行卡号，它必须通过 Luhn 检验，检验过程如下：

● 从卡号最后一位数字开始，逆向将奇数位相加（这里最右边请理解为第 1 位，是奇数位）。

● 从卡号最后一位数字开始，逆向将偶数位数字，先乘以 2（如果乘积>=10，则将乘积的个位和十位相加），再求和。

● 对上面两步的和再求和，结果应该可以被 10 整除，若是则校验通过。

例如对于卡号：5432123456788881，有奇数位之和为 35（4+2+2+4+6+8+8+1 得 35），偶数位综合处理后也得到 35，最后 35+35 等于 70，70 可以被 10 整除，故认定为合法卡号。

代码如下：

```
def checkCard(n):
    """测试银行卡号，合法返回 True，否则 False"""
    total = 0
```

```
Q = n
while 1:
    Q, rem = divmod(Q, 10) #得到商和余数
    if Q ==0:
        break
    total += rem #处理奇数位
    Q, rem = divmod(Q, 10)
    if Q ==0:
        break
    total += rem if rem < 10 else 2 * rem - 9 #处理偶数位

if total % 10==0:
    return True
else:
    return False
```

部分测试的结果如下：

```
>>> checkCard(11111)
False
>>> checkCard(12345)
False
```

程序点评：本实现不假设卡号的位数，因此采用了 while 1 引导的无限循环，但在商值 Q 为一位数时退出，表明这时已经处理完最高位。divmod 函数同时返回了余数，这是重点要处置的对象，按照 Luhn 法则的原则，对奇数位和偶数位分别做不同的处理，最后对总和 total 进行判断。根据这样的设计，如果用户在填表时所犯的错误是：

● 将其中一位整数填错，那么他得到的决不是一个合法卡号。

● 或者将相邻的两位顺序填反，那么他得到的决不是一个合法卡号。

想一想，为什么？

【例 5-2】判断输入的整数是否为素数。编程思路，将该整数 n 作为被除数，以 2、3、4、...、n-1 为除数，根据余数是否为 0 进行判断，如果有一个为 0，则不是素数，如果都不为 0，则为素数。

```
def is_prime_v1(n):
```

```
"""素数时返回 True，否则 False"""
for d in range(2,n):
    if n%d == 0:
        return False
return True
```

程序点评：经测试，上列代码能正常工作。但是仔细分析素数的判定规则，发现可以减少测试次数，原因在于：任何一个整数，假如它由两个数相乘得到，那么这两个乘数不可能都大于其平方根。例如：36 等于 2*18，或 3*12，或 4*9，或 6*6，这两个因子不可能都大于 36 的平方根即 6。因此，我们的用来判定取余的除数可以终止于 math.sqrt(n)。对于 50 这样的数呢，50 等于 math.sqrt(50) * math.sqrt(50)，对 math.sqrt(50)取整只会丢弃其小数部分，并不会遗漏任何一个整数。因此改进后代码如下：

```
import math
def is_prime_v2(n):
    max_d = int(math.sqrt(n))
    for d in range(2,max_d+1):
        if n%d == 0:
            return False
    return True
```

程序点评：经测试，上列代码能正常工作，特别是 n 较大时，效率提升明显。当然，上述代码还存在改进空间。对于输入的数，如果它是偶数，程序第一次测试 2 时，即返回，但如果是奇数，我们就没有必要把偶数作为除数来测试，因为奇数除以偶数余数决不可能是 0，遵照这个思路的改进，请读者自行思考并完成。

经验谈

在写程序的时候，是否应该将一切计算任务交由电脑完成呢？反过来说，人脑是否应当在适当的时候分担电脑的计算任务呢？

答：不应当将一切计算任务交给电脑。程序员应当珍惜并利用一切机会分担电脑的计算负荷。例如：编写求解 1+2+...+n 的函数，就可以选择人脑结合电脑的方式，给电脑减负。见 calcSum1tonMethod2，它比 calcSum1tonMethod1 更优，因为 calcSum1tonMethod2 省去了循环。

```python
def calcSum1tonMethod1(n):
    total = 0
    for i in range(n+1):
        total += i
    return total


def calcSum1tonMethod2(n):
    return (1+n)*n >> 1
```

给电脑减负，是程序员的职责所在。

5.2　未具名的函数：匿名函数

除使用上述方法定义常规函数之外，还可以用一种更加快捷的方式定义不带名字的函数，即匿名函数。但是，读者不免会有这样的疑问：如果一个函数没有名字，它怎么被调用呢？事实上，匿名函数主流的用法是在定义的同时，就被调用。定义匿名函数使用 lambda 引导，语法如下：

lambda [形参1[, 形参2, ..., 形参n]]：表达式

Python 中为何设计所谓的匿名函数？这是因为函数的名字和人的名字不同，人的名字可以重复，但是函数的名字不可以重复，当程序规模变得庞大时，好的名字就成为一种稀缺资源，而要从大脑中产生大量好的函数名，一定程度上是个负担，使用匿名函数可以避开这点。

并且，使用匿名函数可以使程序员的思路不被繁琐的函数定义工作打断，编程过程更加流畅。这也意味着匿名函数的使用场景一般是那种即用即抛型的函数，也意味着匿名函数的函数体一般比较简短。例如，匿名函数常和 map 搭配使用，用于将不复杂的特殊运算映射到某序列对象之上。

```python
>>> list(map(lambda x:x**2 + 2*x +5, [1,2,3,5,10]))
[8, 13, 20, 40, 125]
```

上述代码，如果不使用匿名函数，当然也可以实现，但是就得事先定义一个正规的函数，并且为这个函数起一个名字，哪怕这个函数只使用了一次：

```
def calc(x):
    return x**2 + 2*x +5
print(list(map(calc, [1,2,3,5,10])))
```

【例 5-3】使用匿名函数给 names 列表，按照 first name 以字典顺序排序。

```
>>> names = ["Bill Gates","Bill Clinton","Donald Trump","George Herbert
Walker Bush","Barack Hussein Obama"]
>>> names.sort(key = lambda name:name.split()[-1].lower())
>>> names
['George Herbert Walker Bush', 'Bill Clinton', 'Bill Gates', 'Barack
Hussein Obama', 'Donald Trump']
```

程序点评：列表的 sort 方法对列表元素进行排序，若省略参数 key，sort 方法将按 ASCII 顺序对所有字符串排序，但是本例希望对姓进行排序，因此将 key 指定为匿名函数，在函数中通过 split 方法取得将姓名分割后的列表，通过[-1]取得其最后的元素，通过 lower()确保排序为不区分大小写的字典顺序。字符串的方法、索引和列表的概念将在后续章节详细介绍。

使用 lambda 定义的匿名函数，也可以将其赋值给某变量，这样也就相当于有了名字。行如：

```
fun = lambda [形参1[，形参2，...，形参n]] : 表达式
fun() #函数调用
```

例如：

```
>>> f = lambda x,y: x+2*y
>>> f(3,4)
11
```

5.3 函数的递归调用：递归函数

所谓递归调用，形象地说就是在函数的内部调用自身。Python 支持这样的用法，其过程类似于：某人为理解一个不认识的词，须要求诸字典，当他查一个词，发现这个词的解释中另一个词仍不理解，于是他继续查这第二个词，这样一直查下去，直到最后一次所有词的含义都完全清晰，此时递归走到了尽头。然后他开始返回，逐个理解之前所查的每一个词。最终，他明白了最初那个词的含义。

【例 5-4】求自然数 n 的阶乘。

```python
def factorial(n):
    if n <= 1:
        return 1 #递归的出口
    else:
        return n * factorial(n-1) #递归的核心逻辑
```

在 Shell 中测试：

```python
>>> factorial(10)
3628800
```

函数 factorial()是怎么工作的呢？当首次调用 factorial(10)时，10 被赋值给 n，程序执行 n* factorial(n-1)，这里调用以 n-1（即 9）为参数的 factorial 函数，于是过程继续。最终，当 n 为 1 时，函数调用返回结果 1，程序再层层返回，计算出 factorial(2)，factorial(3)，直至最初所需要的 factorila(10)，这就是递归调用执行的过程。

不过，如果你试图调用 factorial(10000)，Python 会拒绝工作，这不是因为 Python 不能显示这么大的整数，我们知道 Python 对整数的大小几乎没有限制，而是因为递归程度过深所致，它所报的错误是 RecursionError。

【例 5-5】求斐波那契数列的第 n 项。斐波那契数列为形如 1,1,2,3,5,8,......这样的无限序列，前两项为 1 和 1，此后所有项均为前面两项之和。

```python
def fib(n):
    if n ==1 or n ==2:
        return 1
    else:
        return fib(n-1) + fib(n-2)
```

程序点评：（1）上列代码实现了求数列任务的核心，且使用了递归方式。（2）上列代码当参数越来越大时会逐渐变慢，因为递归过程会一直从 n 溯源到 1，再返回 n，这个过程耗时且冗长。特别是，如果用户刚刚调用了 fib(90)，接着又调用 fib(85)，其实 fib(85)这个结果在调用 fib(90)的时候已经被计算过一次，现在由于新发起调用，不得不重新计算。这样的算力损耗一直在持续。请在电脑上尝试运行以下命令，观察当参数变大时，程序变慢的情景。

```python
>>> for i in range(1,100): print(i,fib(i))
```

解决上述问题，可使用 functools 模块下的 lru_cache 函数，lru 表示 Least-recently-used（最近最少使用），是一种缓存技术。使用 LRU cache 装饰函数，可以显著提升访问的的性能。核心代码如：

```
from functools import lru_cache
@lru_cache(maxsize = 1000)
#以下省略正常函数定义
```

再次测试打印 range(1,100)的 fib 值，可以看到速度明显变快。

运行以下测试代码并观察：

```
>>> for i in range(1,100): print(fib(i)/fib(i+1))
```

可以看到，当 n 变大时，序列的前后元素之比趋向 0.618，这就是所谓的黄金分割数。

5.4 了解模块

通过前面的学习，我们知道 Python 解释器自带为数不少的内置函数，这些函数用户可以直接调用，比如映射函数 map、类型转换函数 int。另外，有一些函数如求平方根的 sqrt 函数、获取当前时间戳的 time 函数，在调用时须要先导入所从属的模块，然后使用诸如 math.sqrt、time.time 的点语法间接调用。这两个例子 math、time模块均属于 Python 的内置模块，也就是说在解释器安装完成后，这些模块可以直接通过 import 命令导入。在网址 https://docs.python.org/3/py-modindex.html 可以查看所有 Python 的内置模块，目前的版本共有 100 多个。

另外，全世界的 Python 开发人员、研究人员和爱好者还开发了大量的第三方模块。在正常 import 之前，须要做额外的工作，就是在开发环境中安装好这些模块。另外，Python 支持用户自定义模块。本章将介绍模块的导入方法以及常用的内置模块。

要使用模块所提供的内容，须要先导入模块。导入方式 1：

```
import math #导入方式 1
```

这是较常见的导入方式,这种方式所做的是导入模块的所有内容,导入完成后,对其中函数的调用或变量的使用应使用模块名.函数名()这样的点语法。

```
print(math.sqrt(16)) #点语法调用函数
print(math.pi) #点语法访问变量
```

将多个不同的模块名称用逗号隔开，可以一并导入，如：

```
import sys, random
```

由于模块的名称在代码中会作为点语法的主语频繁用及，人们还常在模块导入时候以"as+别名"语法，得到形式更简短的名字空间，从而便于频繁使用。形式如下：

```
import math as ms #此后，以math为名称的空间不复存在，ms取而代之。
import numpy as np #诸如np这样的别名已经约定俗成
```

不难理解，使用别名的好处是简化程序书写，例如整个代码中有几百处用到numpy.，那么写成np.则简洁很多。另外还有一个原因是有一些模块的别名已经被社区大量使用，以至于约定俗成，那么遵从这些通行的写法就更符合习惯。比如 np 作为 numpy 的别名已经为广大使用者习惯，那么再写成另外的别名如 import numpy as npy，或者不起别名，就不太符合惯例，尽管语法上并没有错。

同样，这种方式也是将模块整体全部导入。值得注意的是，使用 as 别名不是新增一个名字空间，而是创建一个以别名为名字的空间，原先的名字并不存在对应的空间。也就是说执行 import math as ms 之后，只可以使用 ms.sqrt，math.sqrt 这样的调用不合法。

导入方式 2 形如以下语句：

```
from math import sqrt #from 模块名 import 对象名，导入方式2
print(sqrt(16)) #4.0
math.sqrt() #NameError
pi #NameError
math.pi #NameError
```

可见，使用 from 方式导入，不创建新的名字空间，而是把导入模块的一个或多个对象直接放入当前名字空间，因此使用这些对象时不须要冠以前缀，当然也不可以冠以前缀，否则报 NameError。这种方式的优点是方便函数调用，缺点是容易造成名字空间的变量名混淆。考察如下代码：

```
from math import sqrt
#......隔离多行代码之后......
def sqrt(n): return n**0.5, -n**0.5
print(sqrt(16)) #(4.0, -4.0)
```

在上面的代码中，用户自己也定义了名为 sqrt 的函数（由于好的函数名是稀缺资源，因此来自不同模块的函数和自定义的函数重名这种事情并不稀见），它会覆盖此前导入的来自 math 模块的 sqrt 函数，并且不会报语法错误，相当于变量 sqrt 被重新赋值。最终导致后续的 sqrt()调用输出为元组，其行为就和 math 中的 sqrt 不同了。

导入方式 2 的两个变形是：

```
from math import sqrt as st #给导入对象起一个别名
from math import * #导入 math 模块中的所有对象到当前名字空间
```

同样地，当导入对象有了别名之后，原先的名称不再有效。

同时，不建议使用 from...import *的写法，这种写法唯一的好处就是调用时非常简单，所有对象都不须冠模块名。然而会造成大面积的名字空间混淆，增加潜在的风险。

除内置模块之外，全世界的开发人员、研究人员和爱好者还开发了海量的第三方模块。例如数据分析的常用模块 numpy、pandas、matplotlib，这些模块没有打包在 Python 的官方解释器之中。因此，如果希望使用这些模块，首先要安装它们。安装方式可以是远程在线安装，也可以是将源文件通过镜像或其他途径转存到本地，再执行本地安装。

当然，也有一些开发环境配置了 Python 内置模块之外的其他部分模块，比如专注数据分析和处理的 Anaconda，就自带了以上三个数据分析模块，使用前无须再安装。

本教程推荐的轻量级 IDE Thonny，可以通过互联网远程下载包 package 并完成安装，具体方式是：依次选择菜单中的 Tools | Manage packages | Find | Install，根据提示完成操作。

知识点

Python通过模块这种方式,使得处理不同任务的函数和变量有序地组织起来。这如同个人电脑上的文件,当文件的数量越来越多的时候,为了管理的方便,就要使用文件夹来加以归类,模块的原理类似。
模块整体导入成功后,可以使用dir(模块名)方式查看其中的内容。

5.5　数学模块 math

通过 import math 导入数学模块之后，可以通过 dir(math)查看其中包含的内容，输出为：

```
>>> import math
>>> dir(math)
['__doc__', '__loader__', '__name__', '__package__', '__spec__', 'acos',
'acosh', 'asin', 'asinh', 'atan', 'atan2', 'atanh', 'ceil', 'copysign',
'cos', 'cosh', 'degrees', 'e', 'erf', 'erfc', 'exp', 'expm1', 'fabs',
'factorial', 'floor', 'fmod', 'frexp', 'fsum', 'gamma', 'gcd', 'hypot',
```

```
'inf', 'isclose', 'isfinite', 'isinf', 'isnan', 'ldexp', 'lgamma', 'log',
'log10', 'log1p', 'log2', 'modf', 'nan', 'pi', 'pow', 'radians',
'remainder', 'sin', 'sinh', 'sqrt', 'tan', 'tanh', 'tau', 'trunc']
```

这些函数（或变量）的名字一定程度上暗示了其功能，如果须要了解函数的准确功能和输入输出，可以使用 help 函数，例如：

```
>>> help(math.log)
Help on built-in function log in module math:

log(...)
    log(x, [base=math.e])
```

经验谈

可以看到，这里的log函数默认以自然常数e为底，而非10或者2，事实上，后两者对应的函数为log10()，以及log2()。而log1p则返回log(1+x)的结果，字母p表示plus，这些都可以通过查看帮助文档获知。通过研读帮助文档，将函数的名字跟它们对应的英文词汇关联起来，可以加深对函数功能的理解和记忆，这种日常的点滴积累有助于编程实战能力的提高。

【例 5-6】求以用户输入三数为系数的一元二次方程的实数解。

```
import math

prompt = "请输入三个以逗号分隔的数:\n"
a,b,c = eval(input(prompt))


delta = b**2 - 4*a*c
if delta >=0:
    sq = math.sqrt(delta)
    rst1 = (-b + sq)/(2*a)
    rst2 = (-b - sq)/(2*a)
    print(rst1, rst2)
else:
print("没有实数解")
```

测试两组不同的输入，输出为：

```
请输入三个以逗号分隔的数:
```

3,4,5

没有实数解

请输入三个以逗号分隔的数：

3,9,1

-0.11556268951365418 -2.8844373104863457

程序点评：上述程序存在运行时报错的可能，原因在于：（1）第 4 行 eval 函数可能因为用户的不正确输入而使 a,b,c 未能正常赋值。（2）第 9、10 分母为 2*a，而 a 为用户输入，没有进行非 0 检测。解决的办法很多，最优雅的做法是就每种不同种类的错误，将所犯错误的情形分门别类地反馈给用户，这要求程序员做大量的代码稳健性处理工作。最简易的做法是将所有可能发生错误的语句打包，利用 try...except... 捕获错误并提示用户，这种处理方式参看下面的示例。

【例 5-7】求以用户输入三数为系数的一元二次方程的复数解。

```python
import math
prompt = "请输入三个以逗号分隔的数:\n"
try:
    a,b,c = eval(input(prompt))
    delta = b**2 - 4*a*c
    if delta >=0:
        sq = math.sqrt(delta)
        rst1 = (-b + sq)/(2*a)
        rst2 = (-b - sq)/(2*a)
    else:
        sq = math.sqrt(-delta)
        rst1 = complex(-b/(2*a), sq/(2*a))
        rst2 = complex(-b/(2*a), -sq/(2*a))
    print(rst1,rst2)
except:
    print("请检查输入，并使得 a 不为 0。")
```

测试一组输入，输出为：

请输入三个以逗号分隔的数：

5,6,7

(-0.6+1.0198039027185568j) (-0.6-1.0198039027185568j)

5.6 随机数模块 random

通过 import random 导入随机数模块之后，可以通过 dir(random)查看其中包含的内容，输出为：

```
['BPF', 'LOG4', 'NV_MAGICCONST', 'RECIP_BPF', 'Random', 'SG_MAGICCONST',
'SystemRandom', 'TWOPI', '_BuiltinMethodType', '_MethodType',
'_Sequence', '_Set', '__all__', '__builtins__', '__cached__', '__doc__',
'__file__', '__loader__', '__name__', '__package__', '__spec__', '_acos',
'_bisect', '_ceil', '_cos', '_e', '_exp', '_inst', '_itertools', '_log',
'_os', '_pi', '_random', '_sha512', '_sin', '_sqrt', '_test',
'_test_generator', '_urandom', '_warn', 'betavariate', 'choice',
'choices', 'expovariate', 'gammavariate', 'gauss', 'getrandbits',
'getstate', 'lognormvariate', 'normalvariate', 'paretovariate',
'randint', 'random', 'randrange', 'sample', 'seed', 'setstate', 'shuffle',
'triangular', 'uniform', 'vonmisesvariate', 'weibullvariate']
```

random 模块中较重要的函数有：

- random 函数，返回 0~1 之间均匀分布的随机数。

- uniform(a, b)函数，返回介于 a，b 两个数之间的均匀分布的随机数。

- randint(a, b)函数，返回介于 a，b 两个整数之间，并且包含两端的随机整数。

- normalvariate(mu, sigma)函数，返回均值为 mu，标准差为 sigma 的正态分布的随机数。

- choice(seq)函数，从序列 seq 中随机选取 1 个元素，类似地 choices 以可重复采样的方式选取指定数目的元素。

- sample(population, k)函数也是从对象中抽选若干元素，sample 所执行的是不重复采样。

最后看一下 seed 函数，它一般应用于以上随机数产生器之前。举例而言，如果不使用 seed，那么多次调用 random 其返回值不相同，某些时候这种不相同是程序员所需要的。但是，如果用户希望希望多次得到的结果相同呢？此时可以使用 seed 函数进行播种，即用设定值初始化随机数发生器的内部状态，这样，经过确定的初始种子，加上确定的随机数算法，得到的结果就每次相同。一般，这个设定值是什么不重要，只要值是确定的，随机数的多次输出就是确定的。如：

```
import random
random.seed(1949.10)
print(random.random())  #多次执行，输出的结果相同
```

正是由于随机数发生器的内部算法是确定的，因此由计算机软件产生的随机数，并非真正的随机。

人们称这种产物为伪随机数(pseudo random number)。

知识点

【例 5-8】使用 random 函数实现 uniform(a,b)的效果。编程思路：由于 random 返回 0~1 之间均匀分布的随机数，而 uniform 输出区间为 a~b，因此可以通过乘法将区间的比例进行缩放，然后通过加法将起点从 0 平移到 a。以上是一种常见的思路，即将一个区间的数映射到另一个区间。代码如下：

```
import random


def my_uniform(a,b):
    return random.random() * (b-a) + a
```

测试略。程序点评：random.random()输出区间为 0~1，random.random() * (b-a) 输出区间为 0~b-a，再加上 a 以后最终输出区间为 a~b。

【例 5-9】使用蒙特卡罗模拟法计算π的值。蒙特卡罗（Monte Carlo）方法将所求解的问题同一定的概率模型相联系，用电子计算机实现统计模拟或抽样，以获得问题的近似解。为象征性地表明这一方法的概率统计特征，故借用赌城蒙特卡罗之名。

编程思路：图 5-1 所示为边长为 1 的正方形，其左下角位于坐标原点。在正方形内部随机产生一些点，这些点的横坐标和纵坐标均符合(0,1)间的均匀分布，这些点有一定的概率落在左下角的 1/4 圆内部，当产生的点数足够多的时候，落在圆内部的点的概率越趋向于扇形和正方形的面积之比，即π/4。而点是否落在扇形内部，可以通过它到原点的距离来鉴别，距原点距离小于 1 的点落在扇形内部，这一具体方法又称浦丰投针法。程序如下：

图 5-1　蒙特卡罗模拟法求圆周率

```python
import random
n = 0
N = 10000


for _ in range(N):
    x = random.random()
    y = random.random()
    if x*x + y*y < 1:
        n += 1
pi = n/N * 4
print(pi)
```

程序点评：本程序通过随机数函数产生(0,1)之间均匀分布的点，通过距离原点的距离对落入扇形内的点计数，通过求得的比例来反推圆周率的值。多次运行程序之后，可看到结果在 3.14 附近波动。如果希望得到更准确的结果，可以增加程序循环的次数 N。

【例 5-10】使用蒙特卡罗模拟法求概率。如图 5-2 所示，在一个单位圆内，任意的三个点，求其构成的三角形为钝角三角形的概率。

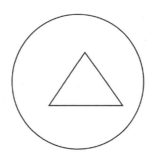

图 5-2　求单位圆内钝角三角形的概率

　　编程思路：（1）此题判断三个点是否构成钝角三角形，这是一件独立的任务，因此宜用函数实现。（2）如何判断三角形为钝角，可以利用三个点的 6 个坐标，结合初等数学知识，求得三条边边长，将三个边长由大到小排序，再结合勾股定理，将勾股定理的等号改为大于，进行判断。（3）在单位圆内随机构造点，可以运用极坐标的思想，分别取得辐长和辐角，辐长在 0~1 之间，辐角在 0~360 度之间，通过这两者，随机确定单位圆内的点的横坐标和纵坐标。代码如下：

```python
import math
import random
def isObtuseTriangle(x1,y1,x2,y2,x3,y3):
    a = math.sqrt((x1-x2)**2 +(y1-y2)**2)
    b = math.sqrt((x1-x3)**2 +(y1-y3)**2)
    c = math.sqrt((x3-x2)**2 +(y3-y2)**2)
    tmp = [a,b,c]
    tmp.sort()
    if tmp[2]**2 > tmp[0]**2 + tmp[1] **2:
        return True
    else:
        return False


count = 0
N = 100_000
for _ in range(N):
    l = random.random()
    theta = 2 * math.pi * random.random()
```

```
    x1 = l * math.cos(theta)
    y1 = l * math.sin(theta)
    l = random.random()
    theta = 2 * math.pi * random.random()
    x2 = l * math.cos(theta)
    y2 = l * math.sin(theta)
    l = random.random()
    theta = 2 * math.pi * random.random()
    x3 = l * math.cos(theta)
    y3 = l * math.sin(theta)
    if isObtuseTriangle(x1,y1,x2,y2,x3,y3):
        count += 1
print("the rate is ", count/N)
```

运行结果：多次测试以上代码，发现输出概率为略大于 0.75 的小数。

5.7   时间模块 time

通过 import time 导入时间模块之后，可以使用 dir(time)查看其中包含的内容，输出略。time 模块中较重要的函数有：

- sleep 函数，执行以秒为单位的延时。这个函数可以用来构造某些需要延时执行或定期执行的任务。

- time 函数，用来获取当前时间的时间戳，即 1970 年 1 月 1 日 8 时 0 分 0 秒至当前时间的秒数。常通过在部分代码的前、后分别获取时间戳的方法，来计算代码运行所消耗的时间。

【例 5-11】获取代码运行时间。

```
import time
t0 = time.time()
for _ in range(100_0000): pass
t1 = time.time()
print(t1-t0) #输出 0.23400020599365234
```

程序点评：代码中，for 所引导的循环，本质上什么都没有做，但是它测试了循环条件 100 万次，所以消耗了 CPU 资源，占用了时间。在笔者所使用的计算机上，两次输出的时间差约为 0.23 秒，这个时间和 CPU 等硬件配置有关。

5.8 系统和操作系统模块 sys、os

通过 import sys,os 导入系统、操作系统模块之后，可以使用 dir 函数查看其中包含的内容，输出略。sys 和 os 模块中都有很多重要函数，详见以下示例：

【例 5-12】sys 和 os 模块的简单应用。

```
import sys,os
print(sys.version) #Python 版本信息
l1 = range(100_0000)
l2 = list(l1)
print(sys.getsizeof(l1), sys.getsizeof(l2)) #对比内存大小
print(sys.path) #系统路径
print(os.name) #操作系统名称
```

第 5 行我们观察 l1 和 l2 所占据的内存空间，由于 range 函数只保存算法，而不保存实体，因此 l1 比 l2 所占据的物理内存要少得多。

【例 5-13】批量修改文件名。本程序要求将 C:\pic 路径下的所有文件批量重命名，重命名的办法是在原文件名的基础上加上前缀 001_、002_、……。并且要求程序执行一次之后，就不允许再修改，比如得到 001_001_这样的文件名。代码如下：

```
import os
path = r'c:\pic\\'
filename_list = os.listdir(path)


for i,filename in enumerate(filename_list):
    if not (filename[0:3].isnumeric() and filename[3] == "_"):
        newname = str(i).zfill(3) + "_" + filename
        os.rename(path + filename, path + newname)
```

程序点评：第 3 行 os.listdir 将路径下的所有文件名填入列表。第 5 行 enumerate 函数返回枚举对象，并且是一次性可使用的迭代器 iterator。enumerate 对象由 0 起点的序号和原始对象共同组成，因此成为枚举，它常用于需要序列号的循环场景。第 7 行 zfill 方法将整数规整为 3 位定长的字符串，如将整数 1 转变为"001"。

5.9 自定义模块

除了使用已有的模块之外，Python 还支持自定义模块，模块中可以包括对变量的定义、对函数的定义、以及对类的定义等。本节讲述其中最基本的方案，即通过创建.py 文件创建模块。

【例 5-14】创建和使用自定义模块。

首先在本地磁盘 C:\下创建 mymd.py 文件，输入如下语句，然后保存。

```
a = 5
```

在同样路径下，创建另一文件 test.py，输入如下语句后保存。

```
import mymd
print(mymd.a)
```

运行 test.py，可看到输出：

```
5
```

这个实验展示了自定义模块的操作，可以看到对模块的导入和引用操作都已经奏效，即实现了所谓的冒烟。一般情况下，可将自定义的模块文件放置于系统路径下，这样就不要求用户文件必须和模块文件处于相同路径。系统路径可通过以下语句打印输出：

```
import sys
print(sys.path)
```

经验谈

什么是写程序的正确顺序？

对于一段程序，决不是从第一行按顺序输到最后一行。因为写程序的过程不是打字，而是思考。应当先搭框架，再填充内容。有时候甚至有必要先构造dummy，再逐步修改。

对于一行程序，决不是从第一个字符按顺序输到最后一个字符，因为写程序的过程不是打字，而是组织表达式、构造语句。

擅用拷贝能事半功倍，如果能拷贝1段代码，就拷贝1段代码；如果能拷贝1行代码，就拷贝1行代码；如果能拷贝1片代码，就拷贝1片代码。从成熟的程序里拷、从权威的例程里拷。如果担心变量名前后不一致，请用粘贴的方式输入。拷贝粘贴完成后，还要进行代码检查和修改。

本章要点

1. 熟悉 def 引导的自定义函数的语法。
2. 熟悉 lambda 引导的匿名函数定义语法及其适用场景：体量短小、即时使用。
3. 了解模块的多种导入方法及它们的利弊。一般建议保留命名空间的区隔，而不要将模块的命名空间和当前名字空间混叠。
4. 熟悉 math、random、time、sys、os 中的重要函数。
5. 学会自定义模块。

思考与练习

1. 不使用系统函数 round，自行编写一个函数 myround，将输入的整数或浮点数保留到小数点后两位数字，并以字符串形式输出。
2. 编写一个函数 calcArea，输入为平面上 3 个点的坐标 x1,y1,x2,y2,x3,y3，输出为三角形的周长和面积。
3. 将下列输入输出编写为匿名函数：
   a) 输入为半径 r，输出为球的体积 $\frac{4}{3}\pi r^3$。
   b) 输入为一元二次方程的系数 a,b,c，且 a 不为 0，输出为其两个复数解 x 和 y。
4. 编写函数 calcTotal，接收正整数 n 作为输入，使用递归方式输出 1~n 的和。
5. 使用缓存装饰器函数 lru_cache 装饰本章第 4 题的函数 calcTotal，使能加快函数的返回速度。
6. 编写函数 bi_coef(n,k)求 n 次试验、k 次成功的二项式系数，使用递归方式。
7. 编写函数 calc_k_b，接收平面上某两个点的坐标 x1,y1,x2,y2 为输入，输出所构成直线的斜率和截距。
8. 汉诺塔问题。此问题源于印度的古老传说，有三根石柱子，在一根柱子上从下往上按照大小顺序摆着 64 片黄金圆盘。希望能把圆盘按大小顺序重新摆放在另一根柱子上。并且规定，在小圆盘上不能放大圆盘，在三根柱子之间一次只能移动一个圆盘。试用 Python 打印输出搬运 64 片圆盘的流程，形如: Step 0:A->B。

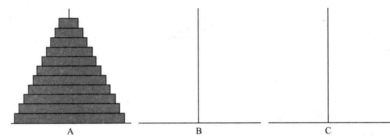

9. 编写函数 calcRoot，接收一个正的浮点数输入 f，使用牛顿法输出其平方根。牛顿法的迭代公式为：root = (x + f/x)/2，式中 f 为输入值，初始时 x 为任意的估计值，之后用上次的计算结果迭代。迭代截止的条件是，每两次结果的差小于epsilon，本题中设为 1e-8。

10. 编写函数求 calcPi，使用下方由印度数学家拉马努金所发现的公式。迭代截止的条件是：最后一项的值小于 1e-12。

$$\frac{1}{\pi} = \frac{2\sqrt{2}}{9801} \sum_{n=0}^{\infty} \frac{(4n)!\,(1103 + 26390n)}{(n!)^4 396^{4n}}$$

11. 三门问题。三门问题起源于美国的一个电视节目，参赛者只能看到三扇关闭的门，其中一扇门后面藏有一辆汽车，另外两扇门后面什么都没有，参赛者选中正确的门就能赢得汽车。当参赛者选定了一扇门而未开启它的时候，节目主持人开启剩下两扇门的其中一扇，露出其中一个空门。主持人其后问参赛者要不要选择换门。根据你对问题的理解，这种情形下，换门是否是有利的？（即增加获奖的概率）用程序模拟的方法验证你的猜想，比如 1000 次选择换，1000次选择不换。

12. 使用蒙特卡罗模拟法求以下概率：在一个单位正方形内的任意的三个点，构成的三角形为钝角三角形的概率。
    a) 建议：模拟次数为 100000 次。
    b) 问题拓展：若将单位正方形改为 2*1 的长方形、5*1 的长方形，观察结果有何变化。

13. 使用 time 模块，测试本章第 12 题 100000 次循环的耗时。

14. 改造【例 5-13】，批量修改某路径下所有子文件夹下的所有文件的文件名，修改办法是加上前缀 new_，同样要求操作多次执行后，只加一次前缀 new_（提示，使用 os.walk 函数）。

15. 自定义一个模块，编入 2 个常量和 2 个函数，并试着使用这个模块。

16. 编写一个将字符串转换为 float 对象并返回该结果的函数，使用异常处理来捕获可能发生的错误。要求：
    a) 所编写的函数建议名为 str2f，给该函数添加帮助文档。
    b) 对于输入的二进制、八进制、十六进制数要当作正常处理。如 0b1011、0xFa9。
    c) 对于输入的包含 e 的浮点数要当作正常处理。

第6章
字符串

在第 2 章，我们简单地介绍了字符串类型的变量。字符串和整数、浮点数这些简单变量不同，它属于序列，或称为容器类型。因此字符串有很多特性简单变量不具备，而其他容器型变量（如列表、元组、字典、集合）具备。本章以字符串为例，讲述运算、成员检查、索引、切片、遍历访问等特性，并且提醒读者注意，这些特性同样适用于后续将要学习的其他容器类型。同时，字符串有很多方法，在处理复杂文本时有着重要应用，本章介绍其中的一部分典型方法。

6.1　字符串的运算和成员检查

字符串支持+和*运算，但含义与算术运算符不同。这里，+表示字符串的连接，*表示将字符串延展若干次。示例如下：

```
>>> s1 = "student"
>>> s1 += ".name"
>>> s1
'student.name'
>>> s2 = "cat."
>>> s2 *= 3
```

```
>>> s2
'cat.cat.cat.'
```

同时也支持 in、not in 这样的成员检查。示例如下：

```
>>> s3 = "student"
>>> "st" in s3
True
>>> "tud" not in s3
False
```

6.2 len、max 和 min 函数

Python 中，可用 len 函数来获取字符串的长度。如：

```
>>> s1 = "student"
>>> len(s1)
7
>>> len("爱学习，爱劳动")
7
```

字符串可以比较大小，比较的规则如下：如果两个字符串 s1 和 s2 完全相同，则 s1 == s2 成立，否则从 s1 和 s2 的最左侧开始依次比较每一个字符，字符与字符比较的依据是他们的 ASCII 码值，即在 ASCII 表中的顺序。例如：

```
print("Ab" < "ab")      #True
print("ab" < "abc")     #True,没有字母 c,可看作 ASCII 值为 0, 比有字母 c 小
print("abc" == "abc")   #True
```

由于字符串可以比较，因此也适用 max 和 min 函数，max 返回字符串中的最大字符，min 返回最小字符。例如：

```
>>> s2 = "Apple"
>>> max(s2)
'p'
>>> min(s2)
'A'
```

6.3 对字符串元素的索引

Python 中，使用 s1[index]方式可以索引字符串中的元素，注意点如下：

● 索引是整数类型，可以是 2、5 这样的数字，也可以是整数类型的变量。

● 索引的起点为 0，也就是说字符串 s1 最左侧元素为 s1[0]，往右索引值依次增加 1，最右侧索引为"字符串的长度减一"，即 len(s1)-1。

● 索引可以是负整数，s1[-1]表示最右侧元素，往左依次为[-2]、[-3]等，见图 6-1。

s1="student"

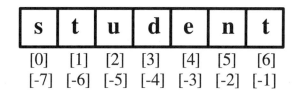

[0]　[1]　[2]　[3]　　[4]　[5]　[6]
[-7]　[-6]　[-5]　[-4]　[-3]　[-2]　[-1]

图 6-1　字符串的正负索引

也就是说，字符串中的每一个字符，都可以通过两个索引值来访问它，一个是正整数，另一个是负整数。这两个整数的绝对值之和等于字符串的长度。比如，字母'u'，既是 s1[2]，也是 s1[-5]，2 和-5 的绝对值之和为 7。

经验谈

怎样理解最右侧的元素索引编号为-1？

可以把字符串想象成一个连通的循环。以上面的字符串 s1="student"为例，假设当前有一个指针指向字符"d"，这是 s1[3]，由此往左得到 s1[2]，再往左得到 s1[1]，再往左得到 s1[0]，再往左（由于不可得，故从尾部续上）得到 s1[-1]，再往左得到 s1[-2]。

当然，上面的循环往复仅此两轮，总共只包含-7~6这14个整数。如果访问 s1[7]、或 s1[-8]都不会得到结果，会报 IndexError。

对于字符串而言，由于这个类型是"不可变的"，因此其中的元素不能修改，我们可以读取 s1[2]的值，但不能给 s1[2]重新赋值。下面的语句将报告 TypeError。

```
s1[2] = 'U' #TypeError
```

Python 中可变性和不可变性是重要的概念。不可变 (immutable)是指变量的内容不可修改,可变(mutable)是指变量的内容可以修改。

所有的简单变量、字符串、元组等是不可变的;后面将学习的列表、字典是可变的。

既然整数也不可变,那么怎么理解连续的两条语句:a=1;a=2呢?当重新给a赋值的时候,并不是把1改为了2,而是标签a整体搬移,从指向对象1,切换为指向对象2。因此,变量被重新赋值不是说整数1就被改变了。

知识点

6.4 对字符串元素的切片

通过切片操作,可以访问字符串的多个元素。切片方式可以是连续的,也可以是不连续的。其语法格式如下:

s[start:end:step]

其中 s 为字符串的变量名。start 表示切片的起始位置,end 表示切片的截止位置,step 表示切片的步长(如果省略,默认为 1)。

当 step 为正值时,如果 start 省略,表示从最左侧开始;如果 end 省略,表示到最右侧结束。

当 step 为负值时,切片由右向左进行,如果 start 省略,表示从最右侧开始;如果 end 省略,表示到最左侧结束。

切片的结果中包含 start 所在位置的元素但不包含 end 所在位置的元素,Python 的这种切片风格,被称为左闭右开。这个特性与 range 函数类似,range(5,9)蕴含从 5 到 9 但不包括 9 的序列。请仔细阅读以下的示例,揣摩切片操作的模式:

```python
s1 = "student"
#含有 1 个冒号,表示 step 为 1
print(s1[3:6])          #"den"
print(s1[:6])           #"studen"
print(s1[3:])           #"dent"
print(s1[:])            #"student"
print(s1[3:-2])         #"de"
print(s1[-2:3])         #由于 start 在更右侧,故返回空""
```

考察更复杂的情形，当存在 step 时：

```
s1 = "student"
#step 不为 1 时
print(s1[3:6:2])      #"dn"
print(s1[:6:2])       #"sue"
print(s1[3::3])       #"dt"
print(s1[::-1])       #产生倒序"tneduts"
print(s1[0:-1:-1])    #由于 step 为负，而 start 在左侧，故为空""
```

6.5　对字符串进行遍历

假设须要完成这样的任务：将字符串 s1 的每个元素打印输出，中间用逗号隔开。此时，有过其他语言编程经验的人，可能会给出如下代码：

```
s1 = "student"
for i in range(len(s1)):
    print(s1[i], end=",")
```

以上不失为正确的表示，但 Python 提供了形式更简洁的方案，如下：

```
s1 = "student"
for s in s1:
    print(s, end=",")
```

相对于使用整数值索引元素的传统做法，上面代码的方案可称为"直接遍历"，这是因为字符串是可迭代对象(iterable)。如果遍历操作无须使用索引，则建议使用第二种方案，这种访问方式更加 pythonic。

【例 6-1】将指定字符串中的小写字母变换为大写后输出。

```
s1 = "I love China"
for s in s1:
    if "a" <= s <= "z":
        tmp = chr(ord(s) - ord("a") + ord("A"))
        print(tmp, end="")
    else:
        print(s, end="")
```

程序点评：程序第 2 行开始遍历输入字符串，第 3 行使用了链式的比较操作。

那如何将小写字母转换为对应的大写呢？考虑到 a~z，以及 A~Z 在 ASCII 表中是连续存放的。ord(s) - ord("a")得到字母 s 相对于首个小写字母 a 的偏移量，再将这个偏移叠加到 A 之上，即+ ord("A")，之后再用 chr 函数将 ASCII 值转换为字母，即第 4 行 tmp 变量。上列代码最终输出：

```
I LOVE CHINA
```

6.6   字符串方法

Python 3 提供的字符串方法多达 40 余个，使用 dir 函数查看，结果如下：

```
>>> dir(str)
['__add__', '__class__', '__contains__', '__delattr__', '__dir__',
'__doc__', '__eq__', '__format__', '__ge__', '__getattribute__',
'__getitem__', '__getnewargs__', '__gt__', '__hash__', '__init__',
'__init_subclass__', '__iter__', '__le__', '__len__', '__lt__',
'__mod__', '__mul__', '__ne__', '__new__', '__reduce__', '__reduce_ex__',
'__repr__', '__rmod__', '__rmul__', '__setattr__', '__sizeof__',
'__str__', '__subclasshook__', 'capitalize', 'casefold', 'center',
'count', 'encode', 'endswith', 'expandtabs', 'find', 'format',
'format_map', 'index', 'isalnum', 'isalpha', 'isascii', 'isdecimal',
'isdigit', 'isidentifier', 'islower', 'isnumeric', 'isprintable',
'isspace', 'istitle', 'isupper', 'join', 'ljust', 'lower', 'lstrip',
'maketrans', 'partition', 'replace', 'rfind', 'rindex', 'rjust',
'rpartition', 'rsplit', 'rstrip', 'split', 'splitlines', 'startswith',
'strip', 'swapcase', 'title', 'translate', 'upper', 'zfill']
```

这当中，有一部分我们在前面的学习中已有接触，还有一部分可以通过"望文生义"的方法对其功能作初步的揣测。以 upper 方法为例，我们初步推断其功能为将字符串转换为大写，再通过查看帮助文档，我们确认了所猜想的功能正确，进一步，还可以通过实例验证，正所谓"Talk is cheap, show me the code"。

```
>>> s1 = "student"
>>> s1.upper()
'STUDENT'
```

以上代码的输出完全符合预期，上面从猜想->查 help->验证的过程正是学习编程语言的日常功课。

此外，关于 str 中的方法，还有以下几点补充说明：

- upper 一般称为方法(method)，而不称为函数，因为 upper 方法属于 str 类，是定义在类中的函数。

- 方法的调用使用点语法，即"对象.方法()"这样的形式，可以把对象理解为操作的主语，把方法理解为操作的行为，即谓语。

- 由于字符串是不可变对象，调用 s1.upper()并不会修改 s1 的值，而是返回了新值。

- 可以使用语句 s1 = s1.upper()给 s1 整体重新赋值，整体重新赋值后，s1 指向了新的对象，原先的字符串对象不可变这一事实没有失效。

与 upper 方法相对应，字符串的 lower 方法返回调用对象的小写表示，capitalize 方法返回调用对象的首字母大写其余小写表示，请读者自行验证。

6.6.1 联合 join 和分割 split 方法

join 方法可以通过连接符将多个字符串拼接为一个整体，而 split 方法完成相反的操作，将一个字符串拆解为多个单体。示例如下：

```
n1 = "Tom"
n2 = "Lucy"
n3 = "Jack"
n4 = "Catty"
names = ",".join([n1,n2,n3,n4]) #联合，[]为列表的定界符
print(names)
new_names = names.upper()
new_str = new_names.split(sep=",") #分割
print(new_str)
```

两条打印语句的输出分别为：

```
Tom,Lucy,Jack,Catty
['TOM', 'LUCY', 'JACK', 'CATTY']
```

【例 6-2】从长字符串中解析出电子邮箱地址_v1。

```
s = """if you have any question,
pls don't hesitate to contact me
```

```
via dataworm@zufe.edu.cn, thanks."""

chip = s.split()
for t in chip:
    if t.find("@")>=0:
        break
import string
rst = t.strip(string.punctuation) #清除可能用作句尾的标点符号
print(rst)
```

　　程序点评：第 5 行将长字符串分割，供后续检查。在后续检查中，如果查找到某字符串中存在关键字符@，则拎出单独处理。查找某字符串是否含@，使用了 find 方法。find 方法返回参数在调用者字符串中的位置，因此只要结果>=0，则表明所查找的字符串存在（若不存在返回-1）。后续再通过 strip 方法将字符串边缘可能连接着的标点符号删去。当然，本示例中的方法效果有限（如果连接着的标点符号为中文，则不会被清除）。对于此类问题，可以通过使用 re（regular expression，正则表达式）模块，寻求更专业的解决方案。

6.6.2　查找 find 方法和字符串解析

　　上一节获取邮箱地址的程序虽然能正常工作，但是如果仅仅为了获得一个含有@字符的串，就将全文进行 split 切割，显得浪费资源。如果邮箱字符串之后还存在大段文字，则这种多余的开销是惊人的。为此，考虑新的思路，首先定位@的位置，然后确定其附近的两个空格的位置，以此获取供 strip 的字符串。

　　【例 6-3】从长字符串中解析出电子邮箱地址_v2。

```
s = """if you have any question,
pls don't hesitate to contact me
via dataworm@zufe.edu.cn, thanks."""

p_center = s.find("@")
p2 = s.find(' ',p_center) #第 2 锚点
head = s[p_center::-1]
p1 = head.find(' ')
p1 = len(head) - p1 #第 1 锚点
```

```
t = s[p1:p2]
import string
rst = t.strip(string.punctuation) #清除可能用作句尾的标点符号
print(rst)
```

程序点评：第 5 行直接获取字符@所在的位置，第 6 行以 p_center 为起点，获得随后的空格的位置，这就是第二锚点。关键是，如何获得第一锚点（前面的空格）的位置呢？本程序采用了这样的办法：将前一部分字符串整体倒序（第 7 行），然后再顺序 find 其中的空格，最后计算出第一锚点的位置（第 9 行），最后再进行 strip 处理（第 12 行）。

这种处理方式比【例 6-2】有所改进，但依然可能存在较大的开销。对于类似的问题，可以通过使用 re 模块，寻求更专业的解决方案。

本章要点

1. 熟悉字符串的索引方式。包括：
    a) 正整数索引，从 0 到 len(s)-1；
    b) 负整数索引，从-len(s)到-1。
2. 牢记字符串索引的计数起点是 0。
3. 熟悉字符串的切片方式[start:end:step]。
    a) 当 step 为正数时，从左往右选取；
    b) 当 step 为负数时，从右往左选取；
    c) 当选取不到元素时，返回空。
4. 牢记字符串切片的特征是左闭右开。
5. 牢记当 step 为 1 时（此时一般省略），切片所得的长度为 end 和 start 之差。
6. 使用 dir 函数查询字符串类的内容，使用 help 函数查看的某方法的帮助。
7. 熟悉字符串的重要方法：join、split、find 等。
8. 理解字符串作为一种序列类型，它的许多特性同样适用于其他序列类型，包括列表、元组等。

思考与练习

1. 观察下列表达式，猜想其值，并在 Shell 中验证你的猜想：

```
s1 = "I love China."
```

```
len(s1)
s1[3]
s1[3:7]
s1[:5]
s1[7:]
s1[-5:-2]
s1[3:9:2]
s1[-2:-5:-1]
```

2. 编写一个函数，对所输入的中华人民共和国居民身份证编号做初步的检验。
   a) 本题仅要求检验其中生日的合法性,只要生日是且介于 1900 年 1 月 1 日和当前日期之间的某一天，均认定为合法，返回 True，否则返回 False。
   b) 上述合法性检测中须考虑闰年等大小月问题。
3. 清理一段字符串，可以使用如下的示例，也可自己创建用例。清理的具体任务是：
   a) 将所有大写字母改为小写。
   b) 将所有非字母以及非数字的字符替换为空格。
   c) 将多个连续的空格替换为仅一个空格。
   也就是说，最终输出的字符串中只含有单词、数字和空格。示例如下（也可从 github 网站下载 string_clear.txt）：

"My dear Mr. Bennet," said his lady to him one day, "have you heard that Netherfield Park is let at last?" by Jane Austen(1775-1817).

4. 将下列字符串中的人民币数值按照汇率替换为美元数值，其他要求：
   a) 汇率为：1 美元 = 7.07 人民币。
   b) 所得的人民币小数点后不超过 2 位数字。
   c) $ => RMB，但 RMB 置于人民币金额之后，形如 50.45RMB。

This table is $35.5, this chair is $27, that TV is $102, and the total is $164.5.

   也可从 github 网站下载 string_dollar.txt。
5. 设字符串 s = "A python is eating an apple"。猜想下列操作的输出，并在 Shell 中验证。

```
s.upper()
s.title()
s.lower()
s.find("app")
s.replace(" ","_")
```

s.split()

6. 提取文本文件中的所有数值,并打印输出,该文件中每行均有且只有 1 个数值。可从 github 网站下载 string_number.txt。

7. 编写一个函数 countL,输入为任意字符串,输出为字符串中所有字母的数目。

8. 查找并输出一段文本中的所有电子邮件地址。文本可从 github 网站下载 string_mail.txt。

9. 编写一套字符串加密函数 lock(s,n)和解密函数 unlock(s,n),规则如下:
    a) 加密仅针对大小写字母,对于其他符号保持不变。
    b) s 表示输入的字符串,n 表示偏移量,为任意整数,例如当 n 为 5 时,加密过程如下:字母 a=>f（ASCII 值增加了 5）,字母 A=>F,字母 w=>b（溢出之后从 a 重新开始）,字母 W=>B。
    c) 解密过程与加密过程相反。

10. 编写一段模拟时钟运行的程序,其输出效果是从 00:00:00 开始,1 秒钟之后变为 00:00:01,以此类推。提示:
    a) 配合使用\r 转义字符,显示的时间在原位置刷新。

使用 time.sleep 函数控制延时。使用本函数会使得所输出时间难以精准,读者可尝试研究其他方案。

第7章
列表和元组

列表和元组是 Python 中重要的组合型数据类型。其中列表是可变类型，它可以存储各种类型的元素，并且通过丰富的方法操作其中的元素，实现增删改。而元组是不可变类型，可以用来存储在计算中元素无须修改的对象。本章介绍这两种重要的数据类型，以及列表推导式、生成器表达式两个概念。

7.1　认识列表

列表是一种容器型的数据结构，从形式上看，它由一组[]封装若干个元素，元素之间用逗号分隔，这些元素可以是整数、浮点数、字符串、其他列表、其他结构的对象。列表并不要求它的元素具有统一的类型。以下均属于列表对象：

```
[]                              #这是空列表。
["ab"]                          #这是含有一个元素的列表。
[3, 5, 7]                       #这是包含多个整型元素的列表。
[3, "ok"]                       #这是包含多种类型元素的列表。
li = [[1, 2], 3, ["ok"]]        #这是包含列表类型元素的列表。
print(len(li))                  #3
```

li 的长度为 3，说明 len 函数在计算时，考虑的是作为整体的元素。

列表作为一种有序序列，它有诸多特性和字符串类似。如下：

- 列表中的元素可以用整数值进行索引，索引的起点是 0。

- 列表的切片访问方式和字符串相同，基本特征是左闭右开。

- 列表适用+，+=运算符，表示列表对象的连接。

- 列表适用*，*=运算符，表示列表对象的延展。

- 列表是可迭代对象，可以使用 for 循环遍历列表对象。

- 列表可以比较，方式和字符串的比较类似，逐元素进行比对。

    创建列表，主要有以下两种方式：

    一是描述法，即直接用定界符[]把若干元素封装起来。如：

```
li1 = []                    #构造空列表
li2 = [1, 2, 5]
```

二是构造函数法，即使用 list 函数将其他类型对象转换为列表。如：

```
li3 = list()            #创建空列表
li4 = list("apple")     #结果为['a', 'p', 'p', 'l', 'e']，5 个元素列表
li5 = list(range(8))    #结果为[0, 1, 2, 3, 4, 5, 6, 7]
```

7.2 作为可变对象的列表

对象的可变性是 Python 数据的重要特性，前面所讲的简单类型如整数、浮点数、布尔型都是不可变(immutable)对象，而列表是可变(mutable)类型。同样是序列类型的字符串也是不可变的，这意味着字符串一旦创建完毕，就不可修改。而列表作为可变类型，其元素可以修改。如：

```
li = [1,2,5]
li[0] = 9          #li 变为[9,2,5]
s = "banana"
s[0] = "c"         #TypeError
```

在此读者可能会有疑问，要修改字符串的首字符难道这样操作不行吗？执行：

```
s = "canana"
```

重新赋值不就可以了吗？这正是要解释清楚的问题。重新赋值之后，原先的
"banana"并没有改变，而 s 重新指向了新的字符串"canana"，看似实现了字符串被修
改的效果，而实质上是变量 s 整体重新搬家。用 id 函数可以印证这一事实，该函数
返回对象在内存中的地址：

```python
li = [1, 2, 5]
oldaddress = id(li)
li[0] = 9
print(id(li) == oldaddress)     #True
s = "banana"
oldaddress = id(s)
s = "canana"
print(id(s) == oldaddress)      #False
```

7.3 列表的增删改操作

7.3.1 列表的运算和成员检查

列表支持+、+=、*、*=操作，分别表示连接和延展。

```python
>>> li = [1, 2]
>>> li += ["OK", 5]
>>> li
[1, 2, 'OK', 5]
>>> lst = [3, 9]
>>> lst *= 3
>>> lst
[3, 9, 3, 9, 3, 9]
```

列表也支持 in、not in 这样的成员检查。示例如下：

```python
>>> 1 in [1, [3], 5]
True
>>> 3 in [1, [3], 5]
False
```

```
>>> 3 not in [1, [3], 5]
True
```

7.3.2　列表的增操作

列表的 append 方法，可在列表的末尾添加 1 个元素。

insert 方法，可在列表的指定位置添加 1 个元素。

extend 方法，可把一个列表的元素合并到当前列表的尾部。示例如下：

```
>>> li = [1,2,5]
>>> li.append(6) #在末位后添加了元素6。
>>> li
[1, 2, 5, 6]
>>> li.insert(3,4) #在位置为3处插入元素4。
>>> li
[1, 2, 5, 4, 6]
>>> li.extend([7, 9]) #把列表中的元素合并到当前列表的尾部。
>>> li
[1, 2, 5, 4, 6, 7, 9]
```

程序点评：append 方法通常以元素为参数，而 extend 方法通常以列表为参数，但是 extend 方法扩展的是列表中的元素。注意，对于 append 方法，如果以列表为参数，其效果是把参数作为整体添加到调用者之后，例如：

```
>>> li = [1,2,3]
>>> li.append([4,5])
>>> li
[1, 2, 3, [4, 5]]
```

【例 7-1】接收并处理用户输入的整数。当用户输入"done"时，停止接收，并输出最大值和最小值。代码如下：

```
prompt = "请输入一个整数:"
li = []
while 1:
    inp = input(prompt)
    if inp == "done": break
    li.append(int(inp))
```

```
print(max(li))
print(min(li))
```

测试部分略。

7.3.3 列表的删操作

列表的 remove 方法，可删除列表中指定的值，当存在多个值时只删除第一个，当值不存在时报错。

pop 方法，可删除指定位置的元素，参数为 index。未列明参数时，默认删除最后一个元素。

clear 方法，可清除列表的所有对象，使变量变为空的列表，无参数。示例如下：

```
>>> a = list("I love python")
>>> b = a
>>> a.remove(" ")
>>> b.remove(" ")
>>> a
['I', 'l', 'o', 'v', 'e', 'p', 'y', 't', 'h', 'o', 'n']
>>> a.pop()
'n'
>>> b.pop(0)
'I'
>>> a
['l', 'o', 'v', 'e', 'p', 'y', 't', 'h', 'o']
```

此外，还可使用 del 语句来删除指定的元素或者整个列表。如：

del a[1:3]

这里，del 既不是方法也不是函数，而是语句，因为它没有使用函数调用所必需的括号。这也说明一种操作的实现，其设计可以是多样的，这取决于语言设计者的理念。举个例子，程序中常用的 print 在 Python 2.x 版本中是语句，而在 3.x 版本中变成了函数。

7.3.4 列表的改操作

要修改列表，只要通过索引的方法定位元素，然后重新赋值即可。如：

```
>>> a = list("thonny")
>>> a[0] = 'T'
>>> a
['T', 'h', 'o', 'n', 'n', 'y']
>>> a[-1:-3:-1] = "Y","N"
>>> a
['T', 'h', 'o', 'n', 'N', 'Y']
```

程序点评：上列代码中，索引[-1:-3:-1]表示自右向左的索引，因此对原列表元素的修改方式也是自右向左的。

【例 7-2】冒泡排序法。生活中，常须对学生的成绩、老师的工龄等进行排序。假设一组数据为：[15,80,25,71,32,53]。要对这组数进行由小到大的排序，方法很多。一个可行的思路如下：

依次进行两两比较，首先比索引值为 0 和 1 的两个数，如果他们是前小后大，则不调换，否则调换。接着比较第 1 和 2 两个数，同样根据大小判断是否须要调换，……一直比较到最末两个数。Python 中，将两个数对调，可以用 a,b = b,a 这样直观的语句。

对本例而言，经过一轮比较和对调操作，列表变为[15,25,71,32,53,80]，其效果是：将所有数中最大的数成功地搬运到了最右侧。这种将最大的数逐步涌动到序列顶端的场景，如同气泡（bubble）在水中上浮的情景，因此该方法称为冒泡排序法。

解决了最大数靠边的问题，后面的步骤就是通过多轮循环分别解决次大数、次次大数向右侧涌动的问题，要做的只是将刚才的操作重复一轮又一轮。或者可以这样理解，经过每次循环，将列表从无序向有序推进了一步，那么经过有限次循环，必然可以实现完全的排序。由于每次至少能解决一个最大值靠右的问题，这个循环的次数不会多于列表的元素数目。

上述步骤构成了冒泡排序法的全部。它需要两层嵌套循环，外循环共执行 n-1 次（n 为元素数目），每一次内循环进行两两对比，其执行总次数递减。代码如下：

```python
def bubbleSort(li):
    length = len(li)
    for i in range(0, length-1):
        for j in range(0, length-1-i):
            if li[j] > li[j+1]:
                li[j],li[j+1] = li[j+1],li[j]
```

测试本例中的数据，结果如下：

```
>>> li = [15,80,25,71,32,53]
>>> bubbleSort(li)
>>> li
[15, 25, 32, 53, 71, 80]
```

程序点评：函数执行效果和预期的相同，但是本代码存在资源浪费，因为经过不长的几轮循环后，排序事实上已经完成，但 CPU 依然在空跑，这就是不合理之处。因此，可以加入判断排序是否已完成的标志位，一旦为 True，则及时退出函数。新的设计如下：

```
def bubbleSort(li):
    length = len(li)
    for i in range(0, length-1):
        isSwap = False #初始化标志位
        for j in range(0, length-1-i):
            if li[j] > li[j+1]:
                li[j],li[j+1] = li[j+1],li[j]
                isSwap = True #发生对调
        if not isSwap:
            return #如果没有发生对调，则及时返回
```

上述代码的逻辑是，如果整轮对调循环，都没有发生一次对调，则认为排序已经完成，函数及时返回。

7.4 列表的方法

使用 count 方法可以获取指定元素出现的次数。如：

```
a = [1, 2, 5, 2]
print(a.count(1)) #结果为 1
print(a.count(2)) #结果为 2
print(a.count(3)) #结果为 0
```

列表的 index 方法可以获取指定元素首次出现的位置。如：

```
a = [1, 2, 5, 2]
print(a.index(5)) #结果为 2
print(a.index(2)) #结果为 1，为第一个值的位置
```

使用 sort 方法对列表进行排序，操作完成之后，列表本身被修改。若要保持原
列表不变，同时得到排序完成之后的新列表，可以使用 sorted 函数。分别举例如下：

```
a = [1,2,5,2]
a.sort()
print(a) #得到[1, 2, 2, 5]
a = [1,2,5,2]
a.sort(reverse = True) #由大到小排序
print(a) #得到[5, 2, 2, 1]
a = [1,2,5,2]
b = sorted(a)
print(a) #依然为[1, 2, 5, 2]
print(b) #得到[1, 2, 2, 5]
```

7.5 遍历列表

编程实践中，常须要遍历列表。其中一个自然的思路，就是根据索引值，使用
[index]方式逐个地访问，这种方式常使用 len 函数和 range 函数的复合，见方式一。
Python 还支持一种更简洁和可靠的方式，见方式二，这种方式并不使用 index 作为
索引。

```
a = [1, 6, 2, 5]
#方式一:
for i in range(len(a)): #len(a)为 4,range(len(a))刚好为索引值的全体
    print(a[i])
#方式二（更加 pythonic）:
for x in a:
print(x)
```

使用方式一时,len 函数获得列表的长度,本例中为 4；range(4)返回蕴含序列 0、
1、2、3 的可迭代对象，这个序列恰好为索引值的全体。方式一是索引方式遍历序
列的惯用法。另外，方式二并不能解决在循环体内改写列表元素的需求，如果要在
循环体内变更列表元素，只能使用方式一。

7.6 列表的复制：深拷贝和浅拷贝

对于列表 li0 而言，可以使用[:]、s.copy()、copy.copy(li0)、copy.deepcopy(li0) 实现列表的复制，那么这些操作有什么区别呢？

（1）赋值操作不执行内存拷贝，仅贴标签。依据如下：

```
>>> li0 = [1, 2, 5]
>>> li1 = li0
>>> id(li1) == id(li0)
True
```

（2）切片方式[:]实施浅层次拷贝。

```
>>> li0 = [1, 2, 5]
>>> li1 = li0[:]
>>> id(li1) == id(li0)
False
```

由于内存地址变更了，所以切片方式不是贴标签，而是实施了内存拷贝。进一步考察以下代码：

```
>>> li0 = [1, 2, [5, 9]]
>>> li1 = li0[:]
>>> li0[2][0] = 3
>>> li0
[1, 2, [3, 9]]
>>> li1
[1, 2, [3, 9]]
```

从这段代码可以看出，尽管 li1 和 li0 不在同一块内存地址，但 li0 内部的列表，即原先的[5,9]，后来的[3,9]仍然总共只有一块，li0 和 li1 在列表内部的复杂结构，依然是共享的。因此发现，切片方式[:]所实施的拷贝只发生在表层，是浅拷贝。

（3）列表的 copy 方法执行浅拷贝。检验代码如下：

```
>>> li0 = [1, 2, [5, 9]]
>>> li1 = li0.copy()
>>> li0[2][0] = 3
>>> li0
[1, 2, [3, 9]]
```

```
>>> li1
[1, 2, [3, 9]]
```

同时，还可以通过帮助函数 help 验证。

```
>>> help(list.copy)
Help on method_descriptor:


copy(self, /)
    Return a shallow copy of the list.
```

（4）copy.copy 函数执行浅拷贝。示例代码略。帮助文档如下：

```
>>> import copy
>>> help(copy.copy)
Help on function copy in module copy:


copy(x)
    Shallow copy operation on arbitrary Python objects.
```

（5）考察 copy.deepcopy 函数，顾名思义，它执行深拷贝。检验代码如下：

```
>>> import copy
>>> li0 = [1, 2, [5, 9]]
>>> li1 = copy.deepcopy(li0)
>>> li0[2][0] = 3
>>> li0
[1, 2, [3, 9]]
>>> li1
[1, 2, [5, 9]]
```

可见，在深度拷贝模式下，原先的列表以及其中的子列表被连根拔起，完全复制。进而后续再次修改原列表时，对拷贝得到的列表并无影响。

总结：（1）浅拷贝只拷贝（新建内存）列表内部的简单对象，对于列表内部的结构依然采用引用方式，这也是出于节省内存开销的考虑，符合 Python 总是尽量少地消耗存储的风格。而深拷贝将原对象整体（包括内部各层次）全部拷贝，因此，深拷贝之后的对象和原对象毫无关联。

（2）赋值方式下模式为贴标签，即不拷贝。copy.deepcopy 函数顾名思义是执行深拷贝。其他模式，包括切片[:]、copy 方法、copy.copy 函数均执行浅拷贝。

知识点

列表和字符串的[:]不完全相同。刚才所介绍的拷贝方式告诉我们，对于列表，[:]切片得到的是列表的复制品。
但是字符串的[:]得到的是对原对象的引用，内存地址不变。
例如：

```
>>> s1 = "thonny"
>>> s2 = s1[:]
>>> id(s1) == id(s2)
True
```

Python这样的设计（对于列表、字符串的行为差异）是有原因的，因为字符串作为不可变对象，可能会用于提高访问速度的hash操作，Python的设计者希望字符串在内存中只有一个副本。

7.7 列表推导式

列表推导式(comprehension)是替代复杂循环的一种简洁语法形式。例如要构建1~10 的平方的列表，若使用所学过的循环的知识，程序可这样实现：

```
li = []
for i in range(1,11):
    li.append(i**2)
print(li)
```

输出：

```
[1, 4, 9, 16, 25, 36, 49, 64, 81, 100]
```

结果符合预期，但其中核心代码占据 3 行，稍显繁琐。而列表推导式基于已有结构创建列表，语法格式为：

```
[expression for var in some_container]
[expression for var in some_container if <condition>]
```

因而，上例可改写为：

```
>>> [x ** 2 for x in range(1, 11)]
[1, 4, 9, 16, 25, 36, 49, 64, 81, 100]
```

输出结果完全相同，但核心代码仅一行。

【例 7-3】生成公差为 0.65 的等差序列，从 3 开始，共 7 个元素。

```
>>> [3 + i*0.65 for i in range(7)]
[3.0, 3.65, 4.3, 4.95, 5.6, 6.25, 6.9]
```

【例 7-4】带条件过滤的列表推导式。

```
>>> oldl = [1,2,3,5,9,4,7,2,5]
>>> [x for x in oldl if x%2 != 0]
[1, 3, 5, 9, 7, 5]
>>> [x * x for x in range(1, 11) if x%2 == 0]
[4, 16, 36, 64, 100]
```

【例 7-5】使用列表推导式构造笛卡尔积。

```
>>> [m + n for m in 'ABC' for n in 'XYZ']
['AX', 'AY', 'AZ', 'BX', 'BY', 'BZ', 'CX', 'CY', 'CZ']
>>> [m + n for m in 'AB' for n in 'WXYZ']
['AW', 'AX', 'AY', 'AZ', 'BW', 'BX', 'BY', 'BZ']
```

【例 7-6】搭配方法调用的列表推导式。

```
>>> L = ['Hello', 'World', 'Apple']
>>> [s.lower() for s in L]
['hello', 'world', 'apple']
```

【例 7-7】将某列表中的所有元素 0，均改为'zero'，其余不变。

```
>>> import random
>>> l1 = [random.randint(-3,3) for _ in range(20)]
>>> ['zero' if x == 0 else x for x in l1]
[2, 1, -1, -2, -3, -2, -2, -2, -3, -2, 3, 'zero', -1, 'zero', 'zero', 1,
-2, 2, 3, 3]
>>> map((lambda x: 'zero' if x==0 else x),l1) #另一种方案，得到映射
<map object at 0x02BE5890>
```

【例 7-8】矩阵转置。已知某嵌套的列表：

```
>>> matrix=[ [1, 2, 3], [4, 5, 6] ]
```

如果希望获得它的转置矩阵，可这样构造：

```
>>>  [[matrix[r][c]  for  r  in  range(len(matrix))]  for  c  in
range(len(matrix[0]))]
[[1, 4], [2, 5], [3, 6]]
```

程序点评：这段代码通过双重 for 循环构造了嵌套的列表推导式，最终实现了

矩阵的转置,体现了列表推导式的强大。但是,当代码变得复杂的时候,我们要评估使用这种"高端"写法的必要性,这样的写法除了优点是简洁之外,缺点也很显见:(1)是增加了程序员的设计时间;(2)降低了程序的可读性。

【例 7-9】结构扁平化。已知某嵌套的列表:

```
>>> v = [(1,2)],[3,4,5],(6,7),{8,9}]
```

如果希望将其内部元素无差别地展开,可这样实现:

```
>>> [x for subv in v for x in subv]
[1, 2, 3, 4, 5, 6, 7, 8, 9]
```

程序点评:构造嵌套列表推导式的方法非常常用,但是要注意两个 for 循环的顺序,应该遵从由外而内的写法。本例中,外就是 for subv in v,内就是 for x in subv。本例若写成如下形式,将报告 NameError。

```
>>> [x for x in subv for subv in v ]
Traceback (most recent call last):
  File "<pyshell>", line 1, in <module>
NameError: name 'subv' is not defined
```

除列表推导式之外,还存在集合推导式、字典推导式,但是没有元组推导式,元组的圆括号()用于构造生成器。

7.8　认识元组

元组是 Python 内置的又一种重要数据结构。与列表不同,元组是不可变的,这意味着元组一旦创建,其内部元素不能修改。从形式上,元组使用()将元素括起,元素之间用逗号分隔。元组中的元素可以是单一的类型,如全为整数,或全为字符串,也可以是混杂的类型。

创建元组时可以通过()包含逗号分隔的若干元素得到元组,省略()依然能得到元组。

```
>>> (1, 2)
(1, 2)
>>> 1, 2, 5
(1, 2, 5)
>>> (1,)          #只有 1 个元素时候须加逗号,否则表示整数 1
(1,)
```

```
>>> ()                    #创建空的元组
()
```

也可以使用 tuple 函数将序列转化为元组。如:

```
a = tuple()               #创建空的元组
b = tuple("Anaconda")     #('A', 'n', 'a', 'c', 'o', 'n', 'd', 'a')
c = tuple(range(2,8))
```

由于元组的不可变性,试图修改元组元素的值会产生 TypeError。

```
a = (1, 2, 5)
a[1] = 3                  #TypeError
```

同样,由于元组的不可变性,列表中的一些方法,诸如 append、extend、insert、remove 和 pop 在元组中均不适用,这使得元组成为一种风格鲜明的序列。如果在程序中确定某序列无须改变,则建议采用元组以保障程序高效可靠。

【例 7-10】测试元组和列表的访问性能。

```
import timeit,sys

N = 100_0000
t1 = timeit.timeit('a =[1,2,"OK",False,"Python"]', number = N)
t2 = timeit.timeit('b =(1,2,"OK",False,"Python")', number = N)
print(t1,t2)
s1 = sys.getsizeof([1,2,"OK",False,"Python"])
s2 = sys.getsizeof((1,2,"OK",False,"Python"))
print(s1,s2)
```

在笔者的计算机上运行,输出如下:

```
0.35000652100000007 0.06328134099999994
56 48
```

程序点评:上面的代码使用了 timeit 模块中的 timeit 函数,测试对内部元素一致,但类型分别为列表和元组的两个对象的操作,可见使用元组的效率远高于列表,并且使用元组的内存占用也少于列表。

值得一提的是,当元组的元素为列表时,这个列表中的元素可以修改,从而以一种特别的方式修改了元组。如下:

```
a = (1, 3, [1, 5], 4)
a[2][0] = 3#这个操作是合法的,不报错
print(a) #结果为(1, 3, [3, 5], 4),元素得以改变
```

此外，元组变量可以被整体重新赋值，这是显然的。除了元组的内容不可改变之外，元组的操作和列表有如下相似之处：

1. 可以用+表示元组的连接，*表示元组的延展。

2. 可以用 del 语句删除一个元组，这是自然的，因为 del 的作用是撕掉标签。

3. 元组也是可迭代对象，可以用 for 循环遍历。

4. 元组的 count 方法、index 方法和列表类似。

7.9　生成器表达式

前面所学的由[]定界的列表推导式实现了把冗长的循环语句简化，然而这种简化是形式上的，列表推导式依然存在耗占内存过多的问题。为此，Python 提供另外一种生成器(generator)表达式解决方案，既实现了形式上的简洁，又具有生成器不耗占内存的优势。

构造生成器表达式的语法为：

```
(expression for var in some_container)
(expression for var in some_container if <condition>)
```

即将定界列表推导式的[]替换为()。

【例 7-11】列出 1~10 的平方的生成器表达式。

回顾 7.7 节可知，1~10 的平方的列表推导式形式为：

```
[x ** 2 for x in range(1, 11)]
```

只要将上式中的[]替换为()，可得：

```
>>> (x ** 2 for x in range(1, 11))
<generator object <genexpr> at 0x02B43EF0>
```

可见，返回了生成器对象。若要观察结果，可使用 list 函数强制展开。

```
>>> g = (x ** 2 for x in range(1, 11))
>>> list(g)
[1, 4, 9, 16, 25, 36, 49, 64, 81, 100]
>>> list(g)
[]
```

但是，当第二次使用 list 函数时，返回为空，这是由于生成器具有重要的特性，一旦被访问，即被消耗。总结生成器的特点：

1. 生成器保存的是算法，因此不会占据过多内存。

```
>>> import sys
>>> sys.getsizeof([x for x in range(100_0000)])
4348736
>>> sys.getsizeof((x for x in range(100_0000)))
64
```

2. 生成器中蕴含着元素，只在被访问的时候才呈现，这种特性称为惰性生成。

3. 生成器中的元素一旦被访问，即被消耗，不能被再次访问。

本章要点

1. 理解 Python 中的可变对象与不可变对象。
2. 熟悉列表的增、删、改操作及相应的方法：append、insert、extend、pop、remove、clear 等。
3. 熟悉列表的 count、index、sort 方法。
4. 了解遍历列表的方式，列表是可迭代对象。
5. 理解深拷贝和浅拷贝：直接赋值是不拷贝、copy.deepcopy()执行深拷贝、其他诸多模式都是浅拷贝。
6. 熟悉[]定界的列表推导式，并学会灵活运用。
7. 认识作为不可变对象的序列：元组。
8. 熟悉生成器表达式，理解生成器表达式是一种惰性计算的对象。

思考与练习

1. 自行编写程序，输出一个由整数所构成的列表的中位数。说明：
   a) 当元素数目为偶数时，输出中间两个数的均值。
   b) 可以使用内置的排序函数。
2. 调用列表的 insert 方法，实现在某列表 ls 的倒数第二个位置插入元素"-2nd"。给出两种正确的写法。
3. 编写函数 addList，将两个由数字构成的列表进行相加，当列表不一样长时，将短的列表视作补 0。例如：

  a)　addList([1,2],[3,4])输出[4,6]。

  b)　addList([1,2],[3,4,5])输出[4,6,5]。

4.　编写函数 indexAll，将参数列表中所指定元素的所有 index 以列表形式返回。例如：

  a)　indexAll([1,2,2,5,4,2,5,3],2)输出(1, 2, 5)。

  b)　indexAll([1,2,2,5,4,2,5,3],3)输出(7,)。

  c)　indexAll([1,2,2,5,4,2,5,3],13)输出()。

5.　编写函数 sumList，将参数列表中所有可以理解为数值的对象相加，并输出和，假设这个列表不是嵌套的。例如：

输入：[1, '2.0', (3+5j), 'OK']。输出：(6+5j)

输入：['OK']。输出：0

6.　编写一个函数 sumNestList()，将参数列表中以及其中嵌套的列表中的所有数字全部相加，并输出和。说明：

  a)　假设列表中嵌套的结构也是列表。

  b)　假设列表中的元素均是数值。

  c)　不假设列表嵌套的深度。

例如：

输入：[1, [1, 2], [1, [1, [1]]]]。输出：7

7.　列表和函数。

  a)　编写一个函数 extract，它从输入列表中提取第 1、3、5、…个元素组成新列表并返回，原列表不变。

  b)　编写一个函数 extract_itself，它使得输入列表中保留第 1、3、5、…个元素，并返回所移除的元素的数目。

  c)　编写一个函数 only，它将输入列表中所有有重复的元素提取一个到新列表中，原列表保持不变。

  d)　编写一个函数 the_one，它将输入列表中所有的没有重复的元素保留，其余删去，并返回所移除的元素的数目。

8.　整理一段英文字符串，将其中的英文单词不重复地添加到列表。说明：

  a)　最终列表中仅保留单词的全小写形式。

  b)　和单词连接的标点符号必须清洗完成。

  c)　可以采用如下英文字符串（见 github 中的 string_pick.txt），也可以自行准备一段字符串。

The brave and the wise can both pity and excuse, when cowards and fools shew no mercy. A quite conscience sleeps in thunder, but rest and guilt live far adunder. Adversity reveals genius, fortune conceals it.

9.　接收一段字符串，按照小写字母频率的降序打印字符，如果某几个字母的频率恰好相同，按照 ASCII 码表顺序输出。字符串可以以 string_pick.txt 为例，也可以自行准备。

10. 使用 dir 函数观察列表和元组的方法差异。在此基础上，实现一个函数 tuple_append，输入一个元组和一个对象，该函数返回附加了新对象的元组，原元组保持不变。

11. 实现一个函数 tuple_append，输入为元组 tp 和对象 ob。该函数返回新的元组，内容为在元组 tp 的尾部附加了对象 ob。

12. 实现一个函数 left_list，带有一个列表 li 和一个整数 k 作为参数，该函数实现将列表 li 的元素向左移动 k 位，并且循环到尾部。例如：

left_list([1,2,5],1)输出[2,5,1]

left_list([1,2,5],3)输出[1,2,5]

13. 设 names = ["张 勇","李明","张小鹏 ","李 磊","赵虹","黄 晓圆","蔡小欣"]，使用列表推导式完成以下操作：

    a) 输出这样的列表：将名字中间和边缘的空格全部清除，如：['张勇', '李明', '张小鹏', '李磊', '赵虹', '黄晓圆', '蔡小欣']。

    b) 输出这样的列表：在上一小题的基础上保留每个姓名的后两个汉字，如：['张勇', '李明', '小鹏', '李磊', '赵虹', '晓圆', '小欣']。

14. 构造随机车牌号随机生成和选号系统。车牌号生成函数 generateNo 生成符合以下规则的列表（规则为虚构）：

    a) 包括 5 个字符，其中一个是大写字母，另外 4 个是数字。

    b) 字母中不包含 I、L、O，数字中不包括 0、1。

    选号系统循环接收用户输入，当用户输入为：

    a) next 时，系统呈现 10 个候选号码。

       i. 10 个候选号不重复，每次输出的号可以有重复。

       ii. 当候选号不足 10 个时，呈现全部候选号。

       iii. 当候选号为 1 个时，提示用户此号为系统分配号，程序退出。

    b) 1~10 之间的整数时，提示用户选号成功，并将此号从库中删除。

15. 阐述可变对象与不可变对象的区别，并编写程序验证你的观点。

16. 阐述深拷贝与浅拷贝的区别，并编写程序验证你的观点。

17. 阐述列表推导式和生成器表达式的区别，并编写程序验证你的观点。

第 8 章
字典和集合

字典和集合是 Python 中另一对重要的数据类型，它们都是可变对象类型。字典通过"键-值"对来存储数据，在存储和读取数据时，都根据对键的 hash 运算取得存储地址，因此实现了快速的内存访问，同时也占用了比同等规模的列表更大的存储空间。字典中的键值必须唯一，而值则不必。可以将集合理解为没有值仅有键的字典。本章介绍这两种重要的数据类型。

8.1 认识字典

在生活中常有这样的需求，存储一组人员及其年龄信息。如果采用前面所学的 list 容器，须在内存中保存两个 list 对象，形如：

```
name = ['赵鑫', '钱淼', '孙淼', '李焱', '周垚']
age = [22, 34, 28, 30, 29]
```

按照上列存储方式，如须查找'孙淼'的年龄，须首先在name中获得'孙淼'的index，为 2。然后在 age 中查询 age[2]，得 28。这种方式下查询返回的平均的时间消耗和列表长度成正比。也就是说，当数据量小时，效率低的问题不明显，但随着数据规模变大，获得某特定姓名的 index 的过程预期耗时越来越长。为此，人们设计了字典结构，形如：

dt = {'赵鑫':22, '钱淼':34, '孙淼':28, '李焱':30, '周垚':29}

　　变量 dt 为字典,从形式上,字典使用{}将元素括起,键值对之间用逗号分隔,键和值之间用冒号分隔。字典结构解决了查询返回时间随规模呈线性增长的问题。之所以能做到这点,是因为字典采用了如下设计方案(就如同真正的字典一样):

　　给定一个名字,如'孙淼',dict 在内部计算出'孙淼'对应的存放年龄的地址,也就是 28 这个数字存放的内存地址,所以读取速度跟容量几乎无关。这里'孙淼'称为键(key),28 称为值(value),字典中的一个项(item)称为一个键值对(key-value pair)。

　　不难想到,这种 key-value 存储方式,在存入值的时候,也要根据 key 计算 value 的存放位置,只有如此,读的时候才能根据 key 快捷地取得 value。把 key 翻译成地址的过程称为 hash,又叫哈希、散列,hash 的过程如图 8-1 所示。

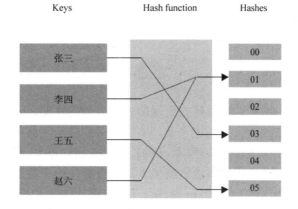

图 8-1　Hash 的过程

　　根据设计:

- 字典中的键必须唯一,必须是不可变对象。可使用数字、字符串或元组作为键。列表是可变对象,因此不能作为键,形如(1,2,[3,4])这样的元组由于不可哈希,也不能作为键。Hash 算法将不同的输入对象分散地映射到内存中的不同地址,但是这个过程并非一一对应,也就是存在两个不同的键映射到同一地址的可能,这种情况称为哈希冲突,字典内部设计了处置这种冲突的机制。

- 字典中的值可以是任意数据类型。

- 字典中的项不存在顺序,当遍历字典时,依次取得的项的顺序未必和创建时一致。

【例 8-1】验证字典具有比列表更快的访问速度。

```python
import random,time,sys
N = 900_000
li = [random.random() for i in range(N)]
dt = {}.fromkeys(li)
t0 = time.time()
5 in li
t1 = time.time()
5 in dt
t2 = time.time()
print(t1-t0, t2-t1)
print(sys.getsizeof(li), sys.getsizeof(dt))
```

一次测试的输出为：

```
0.09360027313232422 0.0
3865524 25165888
```

程序点评：li 为通过列表推导式返回的占据大量内存的列表，其中元素由随机函数生成。dt 通过这些随机数构建字典，本质上得到的是字典的键。由于列表元素都是 0~1 之间的浮点数，因此可以预期 dt 的长度和 li 相差不大，极有可能完全相等。然后在 t0、t1、t2 三个时间采集点之间插入两次查询，由于整数 5 必然不在列表 li 当中，也不在字典 dt 当中。因此 in 操作会遍历完整个列表和字典并且返回 False。最终输出结果证明：相对于在列表中的查找，在同样规模的字典中查找耗时几乎可以忽略。但有得必有失：字典快速的寻访速度是以其占据了更多的内存为代价的。本例中，同样规模的 dict 占据了 list 的 6.5 倍内存。这是一种"以空格换时间"的设计思想。

8.1.1 字典的创建

字典的创建可以采用{}定界描述的方法，也可以采用 dict 函数构造的方法。如：

```python
team = {'赵鑫':22, '钱森':34, '孙淼':28}
#或
team = dict(赵鑫=22, 钱森=34, 孙淼=28)
```

dict 函数可以把形如字典形式的列表或元组转换为字典。上述程序的效果等同于如下语句：

```
name = ['赵鑫', '钱淼', '孙淼']
age = [22, 34, 28]
team = dict(zip(name, age))
```

这里 zip 函数将两个列表打包为蕴含元组的 zip 对象，zip 对象是惰性生成的迭代器。其他示例如：

```
>>> a = ((1,2),(3,4))
>>> dict(a)
{1: 2, 3: 4}
>>> b = ([1,2],[3,4])
>>> dict(b)
{1: 2, 3: 4}
>>> c = [(1,2),[3,4]]
>>> dict(c)
{1: 2, 3: 4}
```

字典的 fromkeys(iterable[,v]) 方法使用给定的键的容器建立新字典，若不给定值则默认为 None。

```
>>> dt = dict.fromkeys(range(5))
>>> dt
{0: None, 1: None, 2: None, 3: None, 4: None}
```

8.1.2　字典的访问

字典元素的访问方式是通过键 dict_name[key]，形如：

```
>>> dt = dict(zip(range(5),range(1,6)))
>>> dt
{0: 1, 1: 2, 2: 3, 3: 4, 4: 5}
>>> dt[2] *= 2
>>> dt
{0: 1, 1: 2, 2: 6, 3: 4, 4: 5}
```

字典不存在和列表类似的整数值索引，字典中的元素呈现顺序也可能和预想的不一致，这是由于字典独特的存储方式所导致。

字典的 keys 方法返回字典的键列表。

values 方法返回字典的值列表。

items 方法返回字典的键值对列表。例如：

```
>>> dt1 = {'Zhang':'M', 'Li':'F', 'Wang':'M'}
>>> dt1.keys()
dict_keys(['Zhang', 'Li', 'Wang'])
>>> dt1.values()
dict_values(['M', 'F', 'M'])
>>> dt1.items()
dict_items([('Zhang', 'M'), ('Li', 'F'), ('Wang', 'M')])
```

字典的 get(key, default=None)方法访问字典中对应的键里的值，如不存在该键返回 default 的值。如：

```
>>> #续前
>>> dt1.get('Li')
'F'
>>> dt1.get('Sun') #字典中不存在对应值，且没有配置默认值，返回 None，Shell 不显示
>>> dt1.get('Sun', 'M') #字典中不存在对应值，返回配置的默认值
'M'
```

字典的 setdefault(key, default=None)方法和 get 类似，也是查找键所对应的值，不同之处在于，如该键不存在，则添加该键到字典中并将值设为 default 的值。

```
>>> #续前
>>> dt1.setdefault('Wu','M')
'M'
>>> dt1
{'Zhang': 'M', 'Li': 'F', 'Wang': 'M', 'Wu': 'M'}
```

8.1.3 字典的编辑

对于以如下方式创建的字典：

```
>>> dt1 = {'Zhang':'M', 'Li':'F', 'Wang':'M'}
```

可通过键索引方式更新数据：

```
>>> dt1['Zhang'] = 'F'
```

上述语句不难理解，但当所指定的键不存在时，字典创建该项，且不报错：

```
>>> dt1['Wu'] = 'F' #键不存在时创建
```

字典的 update(dt2)方法把字典 dt2 的数据（键值对）更新到调用者字典中。

```
>>> dt2 = {'Wang':'F', 'Liu':'M'}
>>> dt1.update(dt2)
>>> dt1
{'Zhang': 'F', 'Li': 'F', 'Wang': 'F', 'Wu': 'F', 'Liu': 'M'}
```

如上例所示，这种更新既包括相同键的值的替换，也包括新键值对的添加。

字典的 pop(k[,default])方法删除指定的键值对。若键存在，则返回对应的值，若不存在，则返回 default 值。

popitem 方法按照 LIFO(后进先出)的原则，删除最新的一个键值对。

clear 方法清除字典的数据。

同样，del 语句删除指定的字典或指定的键。

```
>>> dt = {}.fromkeys(range(10))
>>> dt.pop(3)
>>> dt.popitem()
(9, None)
>>> del dt[4],dt[5]
>>> dt
{0: None, 1: None, 2: None, 6: None, 7: None, 8: None}
>>> dt.clear()
>>> dt
{}
```

总结一下：和列表相比，字典具有查找和插入速度快的特点，不会随着 Key 的增多而显著变慢，但字典须要占用大量的内存，是一种以空间换时间的设计。另外，字典的元素是无序的，不要试图用形如 dt[index]或 dt[start:end:step]这样的整数索引方式来访问元素。

【例 8-2】统计一段字符串中各个字符出现的次数。为达成这一需求，固然也可以使用链式判断的方法，或者列表存储的方法，但是过程都比较繁琐，因为事前并不确定字符串中可能存在哪些字符。因此，即使是采用列表方案，列表也是动态增长的。针对此类问题，字典是最优选项。

```
sentence = "where there is a will, there is a way."
#方式1
d = {}
for c in sentence:
```

```
    if c not in d: #in 操作符按键判断是否存在
        d[c] = 1
    else:
        d[c] = d[c] + 1
print(d)
#方式 2
d = {}
for c in sentence:
    d[c] = d.get(c,0) + 1 #搭配了默认值的 get 方法
print(d)
```

程序点评：方式 1 的思路是对字符逐个判断，若不在字典中则设置值为 1，若已在字典中则将值加 1。方式 2 利用了 get 方法的特性，不存在时返回缺省值 0，存在时返回实际值。方法 2 本质上包含了条件判断的逻辑，于是形式上只占一行代码，更简洁，但方式 1 的可读性更强，两种方式各具特色。最终输出：

```
{'w': 3, 'h': 3, 'e': 6, 'r': 3, ' ': 8, 't': 2, 'i': 3, 's': 2, 'a': 3,
'l': 2, ',': 1, 'y': 1, '.': 1}
```

【例 8-3】使用字典作为全局变量加速函数返回。

在 0 节，我们介绍了斐波那契序列 1,1,2,3,5,......。其实现如下：

```
def fib(n):
    if n ==1 or n ==2:
        return 1
    else:
        return fib(n-1) + fib(n-2)
```

程序点评：上述代码存在当 n 变大时，函数返回速度严重变慢的问题，在 0 节，我们给出了使用 lru_cache 装饰函数的方案。现介绍另外一种方案，使用字典保存历史记录，并且在函数查询时首先从字典中查找，从而加快函数返回速度。代码如下：

```
ex = {1:1,2:1}        #设置初始的全局字典
def fib(n):
    if n in ex:       #在 ex 库中查找
        return ex[n]
    else:
        rst = fib(n-1) + fib(n-2)
        ex[n] = rst #更新字典
```

```
return rst
```

程序点评：当函数第一次被调用时，由于 ex 库仅两个初始元素，所以速度未见很快。但是假如调用过 fib(90)，之后再调用 fib(85)，函数将极速返回，因为字典的存储中已然存在结果。即便是再调用 fib(100)，其返回也较之原来下探到 1 的函数实现更加快捷。

8.2 集合的创建

集合是 Python 内置的另一种容器类型，和字典类似，集合也是无序的。表示方法也类似，用{}定界。集合元素间用逗号分隔，但是集合的元素不是键值对，而仅仅是键，因此可以将集合理解为没有值的字典。

集合的显著特点是值不能重复，正如同字典的键不能重复一样。同样，集合的元素只能是不可变对象。

可以使用 s1 = set()创建空集合，但是不能使用 s2 = {}创建空集合，因为{}表示空字典。

可使用描述性方法创建集合：

```
se1 = {1, 2, 5}
se2 = {1, 2, 5, 5, "p"} #其结果为{1, 2, 'p', 5},5 只存在 1 个,而且呈现顺序和
输入顺序未必相同。
se3 = {'a', 1, [1, 2, 'b'], "apple"} #TypeError,列表不可以作为集合的元素,
正如列表不可以作为字典的键。
```

也可以用 set 函数将已有对象转变为集合，如下：

```
set1 = set("banana") #结果为{'b', 'n', 'a'}
set2 = set(range(10,30,5)) #结果为{25, 10, 20, 15}
```

8.3 集合的运算

就如同数学中集合的概念一样，Python 中的集合支持并、交、差、对称差等运算。

```
>>> a = set(range(1,6))
>>> b = set(range(3,9))
```

```
>>> a|b #取并
{1, 2, 3, 4, 5, 6, 7, 8}
>>> a&b #取交
{3, 4, 5}
>>> a-b #取差
{1, 2}
>>> a^b #取对称差
{1, 2, 6, 7, 8}
```

8.4 集合的方法

使用 add 方法可为集合添加新元素。

更新集合 s 可采用如下方法：

s.update(t1, t2, ..., tn)方法利用 s, t1, t2,   ..., tn 的并集更新 s。

s.intersection_update(t1, t2, ..., tn)方法利用 s, t1, t2, ..., tn 的交集更新 s。

s.difference_update(t1, t2, ..., tn)方法利用 s-t1-t2-...-tn 更新 s。

s.symmetric_difference_update(t)方法利用 s 和 t 中，但非 s 和 t 共有的元素更新 s(s=s^t)。

remove 方法和 discard 方法可以删除集合中指定的值。当拟删除的元素在集合中存在时，两个方法效果相同。当拟删除的元素在集合中不存在时，remove 方法报告错误，而 discard 方法无操作，在使用的时候可以根据需要选择。

pop 方法删除任意一个元素。

clear 方法清除集合的所有元素，但容器还在，del 语句可删除整个集合。

此外，两个集合可以按照集合的包含关系进行比较（即子集与超集）。还可用 issubset、issuperset 方法判断是否为子集、超集的关系。

编程实践中，善用集合可以解决某些特殊的问题，特别是不在意元素的顺序，但在意元素的唯一性这样的场景。

【例 8-4】奥数题。求这样一个 6 位整数，这个整数由 6 个不同的数字构成，将它乘以 2、或者 3、或者 4、或者 5、或者 6 后得到不同的 6 位数，这些不同的 6 位数都由跟原数字相同的 6 个数字构成。

这样的问题如果用初等数学的方法，可能会大费脑力。但是利用计算机不怕疲劳、连续作战的特点，就可以使用遍历，将符合条件的数找出来。当然，如果结合集合的优势，程序实现起来也就比较容易。

```
for i in range(100000,999999+1): #遍历所有的6位数
    set_0 = set(str(i))
    set_calc = set()
    for j in range(2,7):
        set_calc.update(set(str(i*j))) #将所有的集合元素合并
    if set_0 == set_calc:
        print(i)
        break
```

输出：

142857

本章要点

1. 理解字典的行为模式，是通过 hash 算法，加速对元素的查询速度，从而解决当数据量增大时，列表对象的元素访问速度随之变慢的缺点。
2. 熟悉字典的创建方式、访问方式和常用方法。
3. 将集合理解为一种没有值的字典。
4. 善用集合的元素唯一特性，辅助开发应用程序。

思考与练习

1. 读取下列数据，第一列为同学姓名，第二列为勤工俭学计时。编写程序整理此数据，最终输出以姓名为键，以列表[总时长, 总次数]为值的字典。

姓名，时长（小时）

陈春，2.5

计大民，1.8

宋劲，3.2

阎斌，1.7

宋劲，2

计大民，2.2

张维，3.4

2. 根据表 8-1，组织一个字典 dt_morse，然后查询字典，输出 SOS 的莫尔斯电码。

表 8-1 莫尔斯电码表

A: ● -	J: ● - - -	S: ● ● ●
B: - ● ● ●	K: - ● -	T: -
C: - ● - ●	L: ● - ● ●	U: ● ● -
D: - ● ●	M: - -	V: ● ● ● -
E: ●	N: - ●	W: ● - -
F: ● ● - ●	O: - - -	X: - ● ● -
G: - - ●	P: ● - - ●	Y: - ● - -
H: ● ● ● ●	Q: - - ● -	Z: - - ● ●
I: ● ●	R: ● - ●	

3. 整理一段英文字符串，将其中的英文单词不重复地添加到字典。说明：
    a) 字典中以单词为键，以单词出现的次数为值。
    b) 最终字典中仅保留单词的全小写形式。
    c) 和单词连接的标点符号必须清洗完成。
    d) 可以采用如下英文字符串（见 github 中的 string_dict.txt），也可以自行准备一段字符串。

"When tomorrow turns in today, yesterday, and someday that no more important in your memory, we suddenly realize that we are pushed forward by time. This is not a train in still in which you may feel forward when another train goes by. It is the truth that we have all grown up. And we become different."

4. 整理一段英文字符串，将其中的英文单词组织成字典。说明：
    a) 字典中以单词首字母的小写形式为键，以单词的集合为值。
    b) 最终字典中仅保留单词的全小写形式。
    c) 和单词连接的标点符号必须清洗完成。
    d) 可以采用上一题中的英文字符串，也可以自行准备一段字符串。

5. 合并字典。实现函数 combineDict(dt1, dt2)，将字典 dt1 和 dt2 的内容进行合并，返回合并后的结果，dt1 和 dt2 均不变。如果 dt1 和 dt2 中有重复的键，则按照以下规则处置：
    a) 如果对应的值相等，则取这个值为值。
    b) 如果对应的值不相等，则将键值对设为字典{1:val1, 2:val2}。val1 和 val2 是分别来自 dt1 和 dt2 中的值。

6. 字典减法。实现函数 delDict(dt1,dt2)，考虑字典 dt1 的键当中，只要该键在 dt2

中存在，则从 dt1 中移除。函数修改 dt1，当移除操作执行时返回 True，否则返回 False。

7. 对某 1000 行数据进行随机采样，设须取得 300 个 0~999 之间的由小到大随机生成的不重复的行号。同学甲的思路是：使用 random.randint 函数，结合集合的元素不重复特性特性，构造 300 个元素的集合，再转变为排序的列表，请按照该同学的思路实现。另外，random 模块支持直接完成提取 300 个不重复元素的功能，请找到该函数。

8. 已知有 scores = {'Reuven':[300, 250, 350, 400], 'Atara':[200, 300, 450, 150], 'Shikma':[250, 380, 420, 120], 'Amotz':[100, 120, 150, 180]}。使用字典表达式构造选手为键、平均分为值的字典。

第 9 章
深入认识函数

通过前面的学习，我们掌握了函数的基本概念。但是 Python 的函数具有丰富的高级功能，从最基本的位置参数到关键字参数、默认值参数、参数收集和参数拆包，灵活地运用这些语法特征可以设计更强大的函数。本章介绍了函数的上述高级应用以及若干高级函数，包括：reduce、filter、sorted 和 zip 函数。

9.1 参数传递的本质

Python 中的参数传递，本质上是将实际参数赋值给形式参数，进而程序跳转至函数内部执行。又因为 Python 中给变量赋值本质上是贴标签，因此若问函数会不会修改实际参数的值，答案是：

- 当参数是不可变类型时，函数决不可能修改实际参数的值。

- 当参数是可变类型时，函数有可能修改实际参数的值。
  截止目前所学，我们已经熟悉的不可变类型诸如：所有简单类型（整数、实数、复数、逻辑值）、字符串、元组；可变类型诸如：列表、集合、字典。

【例 9-1】以不可变类型对象为实际参数的函数调用。

```python
def calc(a):
```

```
    a = a + 1
    return a

a = 5
b = calc(a)
print(a)      #打印何值？
print(b)      #打印何值？
```

程序点评：前三行为函数的定义，定义必须发生在调用之前。但如果不执行调用，函数体中的代码不会执行。

首先执行的是 a = 5 这行赋值语句。进而 b = calc(a)调用函数 calc，调用时发生参数传递。形式参数 a 指向实际参数 a 所指向的对象，即形式参数 a 此时也为 5。然后，程序跳转到函数体，即赋值语句 a = a + 1，首先计算右侧的值，为 6，然后形式参数 a 指向 6（即所谓重新赋值，或者整体搬家）。最后，随着 return 语句的执行完成，6 被返回并赋值给了 b，因此 b 为 6。

那么，在上述过程中实际参数 a 的指向有无变化呢？并没有，当形式参数 a 的指向由 5 切换为 6 时，实际参数 a 毫发无损，这很关键。这样，最后的两句输出分别为 5 和 6。

```
5
6
```

也就是说，当实际参数的值为不可变类型时，它不会被函数破坏，不可变这一属性保证了该变量如同金刚护体。

经验谈

上面的例子中，我们看到，实际传入对象的名字a和形式参数的名字a刚好相同。这给初学者带来困惑，难道这两个名字必须是相同的吗？

当然不，在本例中，如果将函数改为：

def calc(b): b = b + 1; return b

程序的本质不会有任何变化，而且读者也更容易理解。但是如果在阅读程序的时候看到这种写法，即将实际参数（假设也是变量）的名字和形式参数的名字设计为相同，也不必惊奇。这里面有另外的考虑，当程序员在通盘考虑整个程序的逻辑时，他可能直接使用实际参数的名字作为形式参数的名字，他甚至直接用拷贝、粘贴的方式来设计函数的头部。他这样做，就不必分心去构思新的不重复的参数名，这是值得理解的。

爱因斯坦曾说过，简单就是真理，简单就是美。也许，这正是某一类程序员所遵从的哲学。

【例 9-2】以可变类型对象为实际参数的函数调用。

```python
def addOne(container):
    for i in range(len(container)):
        #3 container 改变了，orig 也同样改变
        container[i] = container[i] + 1
    return container


orig = [1,2,3]          #1
new = addOne(orig) #2 函数调用，效果如同执行 container = orig，即[1,2,3]
print(new)              #输出为何？
print(orig)             #输出为何？
```

程序点评：首先执行#1 所处行，给 orig 赋值。#2 行的 addOne 函数，以 orig 为参数，进而发生的是：将 orig 赋值给 container，本质是 container 指向 orig 所指向的。于是，在函数 addOne()内部，通过循环迭代，将 container 的每个元素增加 1，当 container 被修改的时候，orig 也被修改，因为这二者是连体的。最后可以看到，两行打印语句，均输出：

```
[2, 3, 4]
[2, 3, 4]
```

但是，一般认为，修改输入参数（实际参数）的值是不安全的，除非调用者对发发生这种情形完全知悉。为此，如何更改上述程序的设计，使得调用发生之后，orig 保持不变，而 new 得到了新的值呢？

【例 9-3】以可变对象作为参数，且不被函数修改的调用。

```python
def addOne(container):
    tmp = []
    for i in container:
        tmp.append(i+1)
    container = tmp
    return container
```

```
orig = [1,2,3]
new = addOne(orig)
print(new)          #打印何值?
print(orig)         #打印何值?
```

程序点评：上列代码中，addOne 函数的实现和此前的版本有了较大区别。首先新建了变量 tmp，只对 tmp 进行修改。然后，通过语句 container = tmp，将 container 整体重新赋值，当赋值发生的时候，container 从原先指向的 orig 身上剥离，继而指向 tmp。因此，整个过程中 orig 没有被修改，被修改的是新建的 tmp。container 也不能说被修改了，它只是指向了新的值。

实际上，函数体内的最后两行，改为下列语句效果也完全一样。

```
return tmp
```

本例使用 container 作为返回值是与前例对比，如果只能最少地改动，我们就得这么做。最后，我们看到两行打印语句分别输出：

```
[2, 3, 4]
[1, 2, 3]
```

这个结果正如我们所期待的，该函数通过重起变量炉灶的方法实现了对传入参数的保护。

经验谈

在我们的程序中，到底要不要允许修改传入参数呢？

这要区分情况来回答。传入参数不被修改是一种保守主义的设计理念。这样的设计保护了调用者的数据，或者说，调用者只认可函数可以使用我的参数，但是不希望函数修改我的参数。但是，这样做的后果是，会导致内存消耗的增加，比如，在第二种 addOne() 的实现中，就增加了给 tmp 分配内存的开销。

因此，从节省内存的角度，让函数在输入参数身上作原地修改，也是一种好的理念。

因此说，是否允许修改传入参数，应视情形而定，这个情形就是，如果输入参数体量越大，就越要考虑不复制内存，而做就地的修改。

总结一下，当传递可变参数时，把可变参数 a（实参，actual argument）传递给函数的形参 f(formal argument)，传递结束之后，f 与 a 建立了关联，同时引用一个对象，即：指向同一内存地址 id。因此，后续函数内部修改 f 的值，会同时修改 a 的值。特别提醒的是：如果在函数内部，重新修改整个 f，则不会影响应 a 的值。因为如果给整个 f 重新赋值，则会给 f 重新分配 id，这时 f 与 a 不再相关，因此也就不会再影响 a 了，这种情形跟传递不可变参数时一样。

9.2　位置参数

位置参数(positional argument)是最为常见的参数形式，指的是在函数的调用环节，传递给形参的实际参数，其数目和顺序与形参完全一致。也就是对号入座，由参数的位置来决定赋值的对应关系。

```
def calc(a, b):  #这是位置参数
    return a**2 - b**2
#这是对位置参数的正确调用
print(calc(3, 5))
#这些是对位置参数的错误调用，类型为 TypeError
print(calc(5))
print(calc(3, 5, 8))
#以下在函数内部报 TypeError
print(calc("OK", 8))
```

9.3　关键字参数

在函数调用环节，可以用赋值语句 name = value 为实参指定形参名，这就是关键字参数。使用关键字参数时，实参的呈现顺序可以与定义中所呈现的不同，即使所定义的参数全部是位置参数。

如果函数调用时，不全部采用关键字方式，那么关键字参数一定要出现在位置参数之后。

```
def calc(x,y): print(x,y)

#以下是合法的调用,并且效果相同
calc(3, 5)
calc(x=3, y=5)
calc(y=5, x=5)
```

```
calc(3, y=5)        #半位置参数,半关键字参数

#以下是不合法的调用
calc(x=3, 5)        #SyntaxError
calc(5, x=3)        #TypeError
```

上列代码中,语句 calc(x=3, 5)的错误在于,将位置参数放在了关键字参数之后。语句 calc(5, x=3)的错误在于使解释器困惑,因为 x 同时被赋值为前者 5 和后者 3。

为什么要设计"关键字参数"呢? 其好处在于,函数的调用者记住了参数的名字,就无须记住参数的顺序。

一般而言,如果形参的名字起得足够有意义的话,那么记住有意义的名字比记住顺序更加容易。例如 print 函数有多个参数,其中有一个表示末位输出的形参,名为 end,有一个表示输出之间分隔符的形参,名为 sep。我们只须记住这些名字,就可以灵活地使用关键字参数控制输出语句的形态,而不须要去记住这些参数的顺序。

9.4 默认值参数

考虑这样的情形,在位置参数设计方案下,若已定义 power 函数,用来计算参数的平方,并且用户已有大量使用。函数定义为:

```
def power(inp):
    return inp ** 2
```

此时若须设计函数,用于计算参数的 3 次方,其思路只能是以下之一:

要么是新定义形如 power3(inp)的函数,形如:

```
def power3(inp):
    return inp ** 3
```

或新定义函数 pow_new(a, b) 以计算 a**b,当 b 为 3 时计算 a**3,形如:

```
def power_new(a, b):
    return a ** b
```

上述第一种方式 power3 依然不具有可扩展性,比如不能求解 inp**4 的问题,故不可取。第二种方式 power_new(a,b)中当 b 为 2 时,覆盖了 power 的功能,对于调用者而言,power(a)和 power_new(a,2)都正确,使调用者无所适从,也破坏了程序简洁性。并且,以上两种方式均会导致函数名称的泛滥。

为此,Python 设计了一种方式,使得程序员可以在不改变函数名字,也不破坏

函数已有的调用的情形下,扩展函数的功能。达成这一目标的是默认值(default value)参数方案,修改函数定义为:

```python
def power(inp, exp=2): #inp 为位置参数, exp 为默认值参数
    return inp**exp
```

在这种方案下,原先的用于调用方式依然有效,即用户输入一个参数,例如power(5)时,函数返回 25,从用户体验上来看,他没有感知到函数的实现已经变更,他也不须要知情。当然,如果用户知情,并且输入 power(5,2)也能得到同样的结果。此外,如果用户输入 power(5,3),可以得到 125。

经验谈

Python 为何要设计这种默认值参数方案呢?这里主要要考虑的是软件开发中的程序员分工分问题。

对于巨大的软件项目,不可能由某一个程序员承担全部代码的开发任务。因此,当有大量程序员协同完成一项庞大工程时,就存在合理分工调配的问题。这时,典型的做法是函数的需求者、设计者相分离。

一般需求者是调用人员,他们提出需求。

设计者是开发函数的人员,他们遵照需求开发函数,他们所开发的函数代码,有时也称为接口。

在这种大背景下,接口的提供者和调用者不是同一拨人。因此,在保持接口一致性(即调用者无须关注)的前提下修改实现部分的代码,是十分科学的举措。

使用默认值参数时,要注意定义时参数的顺序和调用的方式。

```python
def power(inp,exp=2): #inp 为位置参数, exp 为默认值参数
    return inp ** exp
#以下是正确的调用
print(power(5)) #返回 5**2, 即 25
print(power(5,2))
print(power(5,3))
print(power(inp=5)) #使用形参名字的关键字参数
print(power(inp=5,exp=2))
print(power(inp=5,exp=3))
print(power(inp=3,exp=5)) #当使用 key argument 时, 参数可以改变顺序。
```

以下是错误的调用:

```python
>>> print(power(exp=2,5))
  File "<pyshell>", line 1
```

SyntaxError: positional argument follows keyword argument

上面的语法错误，是说在调用的时候，位置参数处于关键字参数的后面。这种情况之所以报错，是由于解释器无所适从，它不清楚第二个实际参数 5，到底是应该赋值给 inp（根据前一个参数已经赋给了 exp 的推论），还是赋值给 exp（根据参数所在的位置）。因此，总结一下带有默认值参数的函数定义和调用注意事项：

- 函数的参数可以全部为位置参数，也可以全部为默认值参数，也可以两者均有。

- 当参数中同时存在位置参数和默认值参数时，一定要在定义中将默认值参数放在位置参数之后，否则会报语法错误。

- 函数调用时，（没有用关键字指定的）位置参数一定要出在它定义时的位置上，也就是在默认值参数之前。

- 函数调用时，默认值参数可以省略，也可以用关键字方式指定。当用关键字方式指定时，可以不在它被定义的位置处。

- 函数调用时，如果都用关键字指定，则不管位置参数还是默认值参数都可以不考虑其定义时的位置。

  再总结一下默认值参数的适用场景：

1. 用于给已经存在的函数扩展功能，如前所列示例。

2. 用于处置某参数可能的值大部分确定、少部分偶尔有变的情形。例如，某高校信息管理系统须录入 2018 级入学新生信息，其出生年可设置为默认值 2000，因为这是主体，只有少量的学生是 1999、2001 或其他年出生，此时就可以按照如下方式定义函数：

```
def enrollStudent(name, sex, year = 2000): pass
```

调用时，对大部分同学可以只输入前面两个参数，只有少数非 2000 年生的同学才须要输入第三个参数，这就可以简化调用部分的代码。

9.5 参数收集

参数收集使得用户有这样的体验，当他须要完成一个特定功能时，参数的数目是可延展的。例如，设计一个求和函数 t_sum，满足：

- 当调用 t_sum(1)时，结果为 1。

● 当调用 t_sum(1, 3)时，结果为 4。

● 当调用 t_sum(2, 4, 5, 8)时，结果为 19。

即，参数的数目可变。为达成这一目标，函数似可这样设计：

```python
def t_sum(a): #要求用户将若干个数打包成列表之类的容器
    sum =0
    for ele in a:
        sum += ele
    return sum
```

上述设计思路，本质上是要求用户将若干个数打包成一个容器。这种把任务甩给用户，向用户提额外需求的做派，被认为是用户不友好的(unfriendly)。

为真正实现参数的数目可变，将用户友好做到极致，Python 支持这样的设计：

在 t_sum 函数的定义环节，使用*语法进行参数收集(collecting)。

注意，参数收集是指在定义环节加*。而在调用环节，将用户输入的 0 个、1 个乃至多个参数打包成元组。

```python
def t_sum(*a): #收集参数的*语法
    sum = 0
    for ele in a:
        sum += ele
    return sum
#以下都有正确的输出,函数看上去参数数目可变
#在参数传递阶段,将所有参数打包成元组传递给形参 a。
print(t_sum())
print(t_sum(5))
print(t_sum(5,6))
print(t_sum(5,6,8))
```

9.6 参数拆包

如果已经有一个 list 或者 tuple,要调用一个参数收集函数（又称可变参数函数）该如何处理？

假设函数是：

```
t_sum(*args)
```

假设参数是：

```
li = [1, 2, 3, 4]
```

固然可以这样调用：

```
t_sum(li[0], li[1], li[2], li[3])
```

上述调用显得累赘，Python 支持如下参数拆包方式：

```
t_sum(*li) #这里，调用者通过*语法将列表 unpack 为元素。
```

这种用法只在函数调用时有效，如直接使用 *li，并不能拆包 li。

总结*语法在函数定义和调用时的用法，如下：

- 当*用于函数定义的参数时，它将用户输入的零碎参数打包成元组。

- 当*用于函数调用的参数时，它将用户输入的元组或列表拆包成元素。
  总结**语法在函数定义和调用时的用法，如下：

- 当**用于函数定义的参数时，它将用户输入的零碎参数打包成字典，并且要求调用者的参数必须使用关键字。

```
>>> def f(**args): print(args)
>>> f()
{}
>>> f(a=1, b=2)
{'a': 1, 'b': 2}
>>> def f(a, *pargs, **kargs): print(a,pargs, kargs)
>>> f(1, 2, 3, x=1, y=2)
1 (2, 3) {'x': 1, 'y': 2}
```

- 当**用于函数调用的参数时，它将用户输入的字典拆包成"关键字=值"型 。

```
>>> def func(a, b, c, d): print(a, b, c, d)
>>> args = {'a':1,'b':2,'c':3}
>>> args['d']=4
>>> func(**args) #1 2 3 4
```

总结不同类型参数的组合及顺序，规则如下：

- 位置参数和默认值参数共存：函数定义时，位置参数须在默认值参数之前，否则报语法错。

```
def calc(x, y=1, z):
```

```
    pass #SyntaxError
```

● 定义时，收集参数*在整个参数表中只能有 1 个，否则报语法错。

```
def calc(a,*b,c,*d):
    pass #SyntaxError
```

● 定义时，若收集参数在位置参数之前，则调用时，必须对这些位置参数使用关键字方式调用。

● 调用时，位置参数必须位于关键字参数之前。

● 当收集参数和默认值参数共存时，收集参数总是尽量多地收集。

```
def lcca(*a, b=1): print(a,b)
lcca(2, 3, 4) #输出(2, 3, 4) 1，参数都给了 a
```

● 当收集参数*和收集参数**共存时，定义时，*必须在**之前。

● 定义时，收集参数**在整个参数表中只能有 1 个，否则报语法错。

9.7 高级函数

丰富的高级函数是 Python 语言的一大特色。前面的学习中，我们已经初识了 range、eval、map 三个高级函数。

首先回顾一下 map 函数，它接收两个参数：一个是函数，一个是可迭代对象。map 函数将传入的函数依次作用到可迭代对象的每个元素之上，并输出结果，结果是 map 对象。

什么是可迭代对象？
从形式上看，对象可用 for 循环遍历。
从本质上看，可迭代对象内部实现了__iter__方法。
可迭代对象包括：字符串、列表、元素、字典、集合、range 对象、map 对象、filter 对象等。
编程实践中，可用以下代码来鉴别：

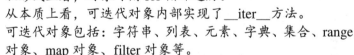

```
from collections import Iterable
isinstance(对象, Iterable)
```

知识点

本节继续介绍 reduce、filter、sorted 和 zip 函数。

9.7.1　reduce 函数

2003 年，谷歌公司提出 mapreduce 的计算模型。其中 map 表示映射，reduce 表示规约。Python 中的 map 函数和 reduce 函数也正是完成这两件操作。

reduce 函数把作为参数的函数依次作用在序列之上(如[x1, x2, x3,...])，首先作用于 x1 和 x2，然后得到中间结果，中间结果再和 x3 一起作为输入参数，得到新的中间结果，如此一直持续到所有参数被使用完。示意如下：

reduce(f, [x1, x2, x3, x4]) 等效于 f(f(f(x1,x2),x3), x4)

【例 9-4】使用 reduce 函数实现对序列求和。

```
from functools import reduce


def add(x, y):
    return x + y


rst = reduce(add, [1, 3, 5, 7, 9])
print(rst) #25
```

程序点评：第 1 行是从 functools 模块中导入了 reduce 函数，也就是说 reduce 和 map 地位有所不同，不再是 python 的内建函数。这个降格，其中有 Guido 的思想，他倾向于认为 reduce 虽然能简化代码，但是却降低了程序的可读性，因此在他看来，不建议大量使用这个函数。对于本例而言，其实只要使用 sum 函数直接作用于列表就可以求解。当然如果使用循环累加，实现 reduce 的效果，也并非难事。第 6 行调用 reduce 函数，以为 add 为参数，reduce 首先调用 add(1,3)，得到 4，再调用 add(4,5) 得到 9，...，最终得到全体序列的和 25。

【例 9-5】利用 reduce 函数实现 str2i 函数。顾名思义，str2i 将字符串转变为整数。例如：

　　输入'236'，输出 236。

　　输入'5182'，输出 5182。

```
from functools import reduce
def str2i(s):
    return reduce(lambda x,y:x*10+y, map(lambda x:ord(x)-ord('0'),s))
    效果展示:
>>> str2i("236")
```

程序点评:第 3 行中 lambda 函数构造了由两个一位数拼接成一个两位数的效果,这样的拼接函数作用于后者,一个 map 对象。第二个 map 对象是将字符转变为整数数值,其依据是在 ASCII 表中相对于字符'0'的偏移。

9.7.2　filter 函数

和 map 类似,filter 函数也接收一个函数和一个序列,并返回一个 filter 对象。和 map 不同的是,filter 函数把传入的函数依次作用于每个元素,然后根据返回值是 True 还是 False 决定保留还是丢弃该元素。

【例 9-6】在一个 list 中,删掉偶数,保留奇数。

```
#方式1
def is_odd(n):
    return n % 2 == 1
rst = filter(is_odd, [1, 2, 4, 5, 6, 9, 10, 15])
#方式2
#rst = filter(lambda n:n%2,[1, 2, 4, 5, 6, 9, 10, 15])

print(rst)         #<filter object at 0x02BBD590>
print(list(rst))   #[1, 5, 9, 15]
```

程序点评:方式 1 较为直观,前两行定义了判断数据为奇数的函数。方式 2 仅将 def 定义的普通函数改写为 lambda 引导的匿名函数。

【例 9-7】在一个字符串构成的列表中,删除所有空的字符串。

```
>>> cities = ["","Suzhou","Hangzhou","","Shanghai"]
>>> list(filter(None,cities))
['Suzhou', 'Hangzhou', 'Shanghai']
```

程序点评:这里参数 None 不是一个函数,但 filter 允许其第一个参数为 None,此时执行过滤掉 0、0.0、复数 0、空字符串、空列表等布尔类型为 False 的值。

9.7.3　sorted 函数

sorted 函数完成排序操作,除了待排序的序列对象作为参数外,还接收一个 key 参数,该参数指向函数,以此实现自定义的排序,例如按绝对值大小对数字排序等。

【例 9-8】对整数进行排序。

```
>>> sorted([36, 5,-12, 9,-21]) #1.普通排序，由小到大
[-21, -12, 5, 9, 36]
>>> sorted([36, 5,-12, 9,-21], reverse = True) #2.由大到小排序
[36, 9, 5, -12, -21]
>>> sorted([36, 5,-12, 9,-21], key = abs) #3.按绝对值排序
[5, 9, -12, -21, 36]
>>> import math
>>> sorted([36, 5,-12, 9,-21], key =math.sin) #4.按 sin 函数值排序
[36, 5, -21, 9, -12]
>>> sorted([36, 5,-12, 9,-21], key = abs, reverse = True) #5.按绝对值由
大到小排序
[36, -21, -12, 9, 5]
```

【例 9-9】实现复杂的排序逻辑。例如，将字符串不区分大小写，按照字典顺序进行排序。

```
>>> li = ['ab', 'ad', 'Ac', 'Ae']
>>> sorted(li) #普通的字符串排序
['Ac', 'Ae', 'ab', 'ad']
>>> sorted(li, key = lambda x:x.lower()) #按照字典顺序进行排序，不区分大小写
['ab', 'Ac', 'ad', 'Ae']
```

程序点评：将字符串表示为对应的小写并不难，可以使用字符串的 lower 方法，但如果写成：

```
sorted(li, key = lower())
```

则报告 NameError，这是因为 lower 本不是函数。基于此，考虑使用 lambda 函数，将方法的调用转为函数对象，从而配合 sorted 函数使用。

注意：sorted 函数可以作用于列表、元组和字符串，其行为模式是不改变原对象，但是返回一个排序后的列表。如：

```
>>> li = [1,3,2]
>>> tu = (4,9,7)
>>> sorted(li)
[1, 2, 3]
>>> sorted(tu)
[4, 7, 9]
```

```
>>> li
[1, 3, 2]
>>> tu
(4, 9, 7)
```

此外，列表还具有 sort 方法，执行之后，列表元素就地修改，该方法返回 None。由于元组、字符串为不可变对象，因此它们没有 sort 方法。

9.7.4 zip 函数

zip 函数又称拉链函数，以可变长度的可迭代对象为收集参数，输出蕴含元组的迭代器 zip 对象。调用形式为：

zip(*iterables)

将输出的 zip 对象展开后，可发现第 i 个元组包含来自可迭代对象的第 i 个元素，当输入对象的长度不一致时，输出的 zip 对象以最短的可迭代对象为准。

【例 9-10】zip 函数的应用。

```
>>> #1.长度对齐
>>> name = ["Zhang", "Li", "Wang"]
>>> age = (22, 25, 31)
>>> person = zip(name, age)
>>> person
<zip object at 0x028EAF30>
>>> list(person)
[('Zhang', 22), ('Li', 25), ('Wang', 31)]
>>> #2.长度不对齐
>>> height = [178, 181, 172, 169]
>>> person2 = zip(name, age, height)
>>> list(person2)
[('Zhang', 22, 178), ('Li', 25, 181), ('Wang', 31, 172)]
```

本章要点

1. 深入理解函数参数传递的本质。

2. 熟练掌握位置参数、关键字参数、默认值参数，它们的适用场景、优缺点以及使用注意事项，典型的注意事项是：默认值参数放在位置参数之后。

3. 熟悉参数收集和参数拆包。

4. 熟练掌握高级函数 reduce、filter、sorted 和 zip，理解它们的适用场景和返回对象类型。

思考与练习

1. 研读下面的代码，思考其输出为何，并在 Thonny 中检验你思考的结论。

```
#1
def foo(x,y=1,*args):
    print(x,y,args)
foo(1,2,3,4,5)
#2
def foo(x,*args,y=1):
    print(x,y,args)
foo(1,2,3,4,5)
#3
def foo(x,y=1,*args,**kargs):
    print(x,y,args,kargs)
foo(1,2,3,4,a=6,b=7)
```

2. 编写一个函数 getFactors，对输入的正整数进行质因数分解，输出一系列由小到大排列的质因数，例如：

   a) 输入 8，输出 2,2,2。

   b) 输入 90，输出 2,3,3,5。

3. 编写一个函数 Stat(*a)，形参*a 是收集参数。函数有两个返回值，前者是所有参数的均值，后者是所有参数的标准差。例如：当输入为 1、2、3、4 时返回 2.5 和 1.118。

4. 设计带有默认值参数 p=2 的函数，求两个点 a 和 b 之间的闵可夫斯基距离，当 p=2 时，为欧式距离。闵可夫斯基距离定义为：$dis = (\sum_i |a_i - b_i|^p)^{1/p}$。

5. 进制转换。设计一个函数 transfer(n, base=2)，参数 n 为输入的 10 进制整数，base 为默认值参数，默认为 2，base 的范围为[2, 9]中的整数。函数返回字符串及后缀，后缀为(base)的形式，如：

   a) 当 n = 19，base = 2 时，返回字符串'10011(2)'

      b)   当 n = 32，base = 5 时，返回字符串'112(5)'

6.   进制转换。设计函数 b2d，将字符串形态的 2 进制数整数转换为 10 进制数。例如：b2d('10101')，返回 21，要求使用 reduce 函数参与设计。

7.   设计函数 mySorted，将由数字和类似数字的字符串构成的列表按照由小到大的顺序排序。例如：

```
>>> li = [2.3, 1, "3.6", "-1.25"]
>>> mySorted(li)
["-1.25", 1, 2.3, "3.6"]
```

8.   设计函数 ls_sum，对输入的若干个参数求和，如果其中的元素是数值，则进行加法运算，如果是类似数字的字符串，则将其理解为对象的数值，如果是其他对象，则视作 0。

9.   编写程序，使用 filter 函数，过滤一段文本（见 github 的 string_filter.txt），保留其中含有刚好两个不重复元音字母的单词。要求：

      a)   大写和小写形式的元音字母均须考虑。

      b)   和单词连接的标点符号必须清洗完成。

      c)   过滤出的单词不须要去重。

"When tomorrow turns in today, yesterday, and someday that no more important in your memory, we suddenly realize that we are pushed forward by time. This is not a train in still in which you may feel forward when another train goes by. It is the truth that we have all grown up. And we become different."

10. 使用 sorted 函数，对列表[35, 43, 22, 19, 78, 126]进行由小到大的排序，排序的依据分别如下：

      a)   以数值大小为依据。

      b)   以各位数字之和的大小为依据。

      c)   以对应的二进制数的重量（重量为其中 1 的个数）为依据。

第 10 章
Python 拾珍

通过对前面章节的学习，我们已经初步具备了编写复杂程序的能力。但是，Python 还提供一些特色的功能，如果善用它们，可以起到事半功倍的效果。本章讲述了其中较为常用的特色功能，包括：enumerate、product、any、all、exec 函数，还包括字典和集合推导式的语法、可迭代对象与迭代器的概念，最后介绍特色模块 itertools。本章内容相对琐碎，又比较有价值，故称为拾珍。

10.1 使用 enumerate 函数枚举对象

在编写循环结构时，如果仅展示序列对象的元素，可以使用 for...in...循环结构，如果须要同时展示元素的序号以及元素的内容，通过我们已学的知识，可以使用如下代码：

```
names = ['Tom','Lucy','Jack']

#枚举对象带序号，non-pythonic
i = 0
for name in names:
```

```
    print(i+1, name.upper())
i += 1
```

输出：

```
1 TOM
2 LUCY
3 JACK
```

对这样的应用场景，即在迭代的同时计数，我们可以使用 enumerate 函数，enumerate 意为枚举。核心代码改写为如下：

```
for i, name in enumerate(names):
    print(i+1, name.upper())
```

输出结果完全相同，但计数功能由 enumerate 代劳，程序简洁而可靠。

10.2　使用 product 函数扁平化循环

多重循环时，可以使用 product 函数构造笛卡尔积，从而减少嵌套的层数，即将多重循环扁平化。例如：

[1,2,5]和[8,3]所构造的笛卡尔积是惰性生成的 product 对象，其中蕴含的对象可展开为列表[(1, 8), (1, 3), (2, 8), (2, 3), (5, 8), (5, 3)]。product 意为求积，示例代码如下，示意图见图 10-1。

```
>>> from itertools import product
>>> product([1,2,5], [8,3])
<itertools.product object at 0x02ECA698>
>>> list(product([1,2,5], [8,3]))
[(1, 8), (1, 3), (2, 8), (2, 3), (5, 8), (5, 3)]
```

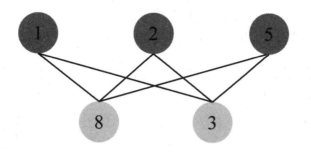

图 10-1　两组序列的笛卡尔积

【例 10-1】鸡兔同笼问题。问题描述见第 4 章，原先的程序设计采用双重循环，可以改为单层循环，改写前后的代码如下：

```
#鸡兔同笼问题，上有35头，下有94足，问鸡兔各几何。


#原方法
def calcCR(head, foot):
    for chick in range(1,head+1):
        for rabbit in range(1,head+1):
            if chick + rabbit == head and chick*2 + rabbit*4 == foot:
                return chick,rabbit #一步到位退出函数
#改写后的方法
from itertools import product
def calcCR_new(head, foot):
    for chick,rabbit in product(range(1,head+1),range(1,head+1)):
        if chick + rabbit == head and chick*2 + rabbit*4 == foot:
            return chick,rabbit
```

改写之后，两层循环变为一层循环，product 实现了将循环扁平化。

10.3　使用 any/all 函数替代循环

编程实践中，常须要对序列的成员构成情况进行判断。这样的场景下，善用 any 和 all 函数可以编写出简洁、可靠的代码。

【例 10-2】使用 any 函数判断成员情况。

```
#判断列表中是否存在某些元素，介于[10,20]之间。
#non-pythonic
li = [7,25,36,18,31,49]
found = False
for i in li:
    if 10 <= i <= 20:
        found = True
        break
print(found) #输出 True


#pythonic
li = [7,25,36,18,31,49]
print(any(10 <= i <= 20 for i in li)) #输出 True
```

【例 10-3】使用 all 函数判断成员情况。

```
s1 = "it is a fox"
#判断字符串中字符是否都是小写字母
print(all(t.islower() for t in s1)) #输出 False
#判断字符串中字母是否都是小写字母
print(all(t.islower() for t in s1 if t.isalpha())) #输出 True
```

10.4 使用 exec 函数

前面我们已经学习过 eval 函数，功能是求取形为字符串的表达式的值。现通过一个例子进行回顾。如下：

```
>>> a = 2
>>> b = 3
>>> eval('3*a+2*b')  #执行如参数所示的表达式并求解
12
```

和 eval 类似的还有 exec 函数，功能是执行一段程序代码。exec 表示单词 exectue，含义为执行。示例如下：

```
>>> exec('print(3*2)')
```

```
6
>>> exec('a_new_variable = 5')
>>> a_new_variable
5
```

10.5 字典和集合推导式

如同列表推导式是形式简化了的循环一样，字典和集合推导式也是形式简化了的循环。又，如同字典推导式使用[]定界一样，字典和结合推导式使用{}定界。

【例 10-4】使用字典推导式求选手的平均分。已知：

```
>>> scores = {'赵淼':[300, 250, 350, 400], '钱垚':[200, 300, 450, 150], '孙焱':[250, 380, 420, 120], '李森':[100, 120, 150, 180] }
```

字典推导式形式如下：

```
>>> {name: (lambda x:sum(x)/len(x))(score) for name, score in scores.items()}
{'赵淼': 325.0, '钱垚': 275.0, '孙焱': 292.5, '李森': 137.5}
```

【例 10-5】集合推导式。将某列表中的小数作四舍五入操作，对有重复的结果只保留一份。

```
>>> t = [172.2, 171.1, 172.3, 175.6, 174.4, 168.0, 174.4, 173.9, 176.3, 175.8]
>>> {round(_) for _ in t}
{168, 171, 172, 174, 176}
```

10.6 可迭代对象与迭代器

可迭代对象(Iterable)和迭代器(Iterator)是 Python 中重要的概念。

可迭代对象内部封装了__iter__方法，而 for 循环的本质是调用__iter__方法，因此可以说：能用 for 循环访问的是可迭代对象，可迭代对象也都可以被 for 循环遍历。

迭代器内部也封装了__iter__方法，所以迭代器一定是可迭代对象。同时，迭代器内部还封装了__next__方法。因此，可以调用__next__方法寻访下一元素、或可以被 next 函数调用的是迭代器。

可迭代对象和迭代器的对比见表 10-1：

表 10-1 可迭代对象和迭代器的对比

对比项目	可迭代对象	迭代器
英文名	Iterable	Iterator
内部方法	__iter__	__iter__ __next__
典型用法	用于 for 循环遍历	可使用__next__方法或被 next 函数调用
创建	通过容器对象的定界符或函数构造	使用__iter__方法或调用 iter(Iterable)得到迭代器
判别方式	isinstance(obj, Iterable)	isinstance(obj, Iterator)
性质 1	可迭代对象不一定是迭代器	迭代器一定是可迭代对象
性质 2	可迭代对象中的元素可以多次使用	迭代器中的元素使用一次之后作废
性质 3	可迭代对象有长度,可作为 len 函数的参数	迭代器没有长度,不可作为 len 函数的参数

常见对象中，简单对象如整数、浮点数、复数、布尔值，不能用 for 循环遍历，因此，不是可迭代对象，也不是迭代器。

常见对象中，字符串、列表、元组、字典、集合，能用 for 循环遍历，且内部没有封装__next__方法，并且这些对象都有长度，可以多次重复访问。因此，它们是可迭代对象，但不是迭代器。

常见对象中，range 对象能用 for 循环遍历，且内部没有封装__next__方法，并且 range 对象有长度，可以多次重复访问。因此，range 对象是可迭代对象，但不是迭代器。

常见对象中，map、zip、enumerate、product、生成器对象能用 for 循环遍历，且内部封装了__next__方法，没有长度属性，不可以多次重复访问。因此，上述对象是迭代器。

以下代码展示了对对象是否 Iterable 以及 Iterator 的判别：

```
>>> from collections import Iterable,Iterator
```

```
>>> isinstance(range(5),Iterable) #range 对象是可迭代对象
True
>>> isinstance(range(5),Iterator) #range 对象不是迭代器
False
>>> isinstance(map(lambda x:x, range(5)),Iterator) #map 对象是可迭代对象
True
>>> isinstance(map(lambda x:x, range(5)),Iterable) #map 对象是迭代器
```

以下代码展示了在可迭代对象的基础上构建迭代器：

```
>>> r = range(5)
>>> len(r)
5
>>> iter_r = iter(r)
>>> len(iter_r) #迭代器没有长度
Traceback (most recent call last):
  File "<pyshell>", line 1, in <module>
TypeError: object of type 'range_iterator' has no len()
>>> next(iter_r)
0
>>> next(iter_r)
1
>>> for i in iter_r: print(i)


2
3
4
```

程序点评：上列代码最后一行命令，使用 for 循环期望遍历整个 iter_r，但是这个迭代器在之前已经被 next 函数调用两次，即已经消耗了前两个元素。因此被 for 循环访问时，所剩余的三个元素被打印输出，这就是迭代器的一次性访问特性。

10.7　生成器表达式和函数式生成器

前面我们已经学过列表推导式和生成器表达式。列表推导式使用[]定界，元素

立刻生成，因而占据内存。生成器表达式使用()定界，在系统中保存算法，而非元素，元素惰性生成，仅占据少量内存。

生成器表达式是一种迭代器，可使用 for 循环遍历，也可用 next 函数寻访，但寻访之后元素不可复现。

当有待构造的序列数目较大时，应当考虑使用生成器表达式。下面的代码展示了列表和生成器的差异。

```
from collections import Iterable,Iterator
import sys
l = [x * x for x in range(10)]
print(isinstance(l, Iterable)) #列表是可迭代对象。
print(isinstance(l, Iterator)) #列表不是迭代器。
g = (x * x for x in range(10))
print(isinstance(g, Iterable)) #generator 是可迭代对象。
print(isinstance(g, Iterator)) #generator 也是迭代器。
#事实上，迭代器都是可迭代对象，反之不成立。
#列表占据内存，而生成器几乎不占。
print(sys.getsizeof(l),sys.getsizeof(g))
next(g)                         #获取第 0 个元素
next(g)                         #获取第 1 个元素
for i in g:
    print(i)                    #注意这里只能打印出后 8 个。
```

构造惰性生成的 generator 非常 pythonic，但普通的 generator 功能有限，难以实现复杂逻辑。如果须构造诸如斐波那契序列那样有着复杂逻辑的序列时，可使用函数式生成器。函数式生成器这样构造：

将普通定义的函数中输出元素的关键语句用 yield 改写，yield 意为收获。yield 语句所取得的一系列元素就是蕴含在生成器对象中的一个又一个元素。

【例 10-6】将斐波那契函数改造为函数式生成器。斐波那契函数根据参数 num 产生 num 个数列，这些数列以为 1,1 为开头，其后分别为前两个数之和，即 2,3,5......

#1.普通函数 fib，输出前面 num 个 fib 数。	#2.将上述 print 函数改为 yield 语句，
| ```
def fib(num):
    n = 1
    a,b = 0,1
    while n <= num:
``` | #整个代码就构造了（函数式）生成器。<br>```
def fib(num):
    n = 1
    a,b = 0,1
``` |

```
        print(b)
        a,b= b,a+b
        n = n+1
    return "done"

print(fib(5))
    输出为:
1
1
2
3
5
done
```

```
    while n <= num:
        yield b #yield 语句
        a,b= b,a+b
        n = n+1
    return "done"

print(fib(5))
print(list(fib(5)))
    输出为:
<generator object fib at 0x027E3FB0>
[1, 1, 2, 3, 5]
```

程序点评：函数式生成器是一个对象，这个对象常常被 for 循环遍历访问，或被 list 函数展开。这两者本质上都是调用__next__方法访问对象的一个又一个元素。函数式生成器被寻访的过程中，遇到 yield 就输出一个元素并中断，直到下次被__next__方法访问时继续执行，过程中 return 语句被架空，并不会执行。

最后，即所有的数据都被取光时，报 StopIteration 错，此时函数式生成器中的 return 语句执行。

【例 10-7】使用函数式生成器构造无限序列。对于蕴含无数个元素的序列，断然是无法用[]或()来描述性表示的，但可使用函数式生成器构造它们，这进一步说明函数式生成器存储的不是实体，而是算法。

```
def getn():
    n = 1
    while True: #构造无限循环
        yield n
        n += 1
    调用后展示:
>>> fg = getn()
>>> next(fg)
1
>>> next(fg)
2
```

```
>>> next(fg)
3
>>> next(fg)
4
```

【例 10-8】设计模仿 map 函数的 mymap 和 myNewMap 函数。首先考察下列代码：

```
import sys

ori = range(200)
#方式 1，使用系统 map
rst1 = map(lambda x:x*x, ori)

#方式 2,使用自创的 mymap
def mymap(func, li): #模拟 map 函数
    rst =[]
    for _ in li:
        rst.append(func(_))
    return rst
rst2 = mymap(lambda x:x*x, ori)
print(list(rst1)==rst2)     #输出 True
print(sys.getsizeof(rst1)) #输出 32
print(sys.getsizeof(rst2)) #输出 840
```

程序点评：由程序输出可见，把 rst1 展开之后和 rst2 完全一样。但方式 2 的输出对象 rst2 为直接展开的列表，因此占据内存。而真正的 map 输出的是惰性计算的 map 对象，map 对象保存算法，所占内存甚小。为此，改造核心部分代码为：

```
#方式 3,高仿的 myNewMap
def myNewMap(func, li):
    for _ in li:
        yield func(_)
    return "done"
rst3 = myNewMap(lambda x:x*x, ori)
print(rst2 == list(rst3))   #输出 True
print(sys.getsizeof(rst3)) #输出 64
```

程序点评：使用 yield 语句构造了函数式生成器 myNewMap，该函数返回 rst3 对象，该对象蕴含惰性生成的元素，保存算法，所占内存甚小，和 map 函数高度相似。

10.8　迭代工具模块 itertools

itertools 模块中，配置了很多有用的工具。如：

- itertools.combinations 函数：获得对象的组合，即不考虑元素顺序。

- itertools.permutations 函数：获得对象的排列，即考虑顺序。

- itertools.groupby 函数：对连续的元素进行分组。

  示例代码如下：

```
>>> import itertools
>>> a = [1,2,3,4]
>>> list(itertools.combinations(a,3))
[(1, 2, 3), (1, 2, 4), (1, 3, 4), (2, 3, 4)]
>>> list(itertools.permutations(a,2))
[(1, 2), (1, 3), (1, 4), (2, 1), (2, 3), (2, 4), (3, 1), (3, 2), (3, 4),
(4, 1), (4, 2), (4, 3)]
```

【例 10-9】编写求 24 的函数。对输入的 4 个数，仅通过四则运算求 24，如果可以求得，输出其中一种解法的表达式，如果不能求得，输出提示。

本题较为复杂，可行的思路也比较多，我们综合利用 Python 语法的特色功能，形成如下思路：

1. 不考虑数字之间的顺序，我们使用 itertools.permutations 函数获得输入数字的全排列。

2. 考虑两个数运算能得到的可能结果，最多的情形为 6 个。因为加法+和*法这两个二元运算是可交换顺序的，但减法有两个结果，除法有两个结果，因此共计 6 个。

3. 利用输入数字仅为 4 个不算多的特点，分析各种二元运算的可能组织形式，必然为以下之一（考虑到非对称运算已经被设计成 6 种之多）：

   a)　((A op1 B) op2 C) op3 D

b)　(A op1 B) op2 (C op3 D)

4.　做好防运行时错误的处理，因为四则运算中的除法，可能出现分母为 0。最简单的防错举措就是使用 try 捕获错误。

5.　注意除法导致的浮点数，因此不使用==对浮点数进行相等判断，而使用 epsilon 方式。

代码如下：

```python
#by dataworm@zufe
import itertools
EPSILON = 1e-10


def near(a,target): #判断 a 是否接近 target
    if abs(a - target*1.0) < EPSILON:
        return True
    else:
        return False


def connect(a,b): #用六种运算连接两个输入字符串或结构
    if isinstance(a, str):
        a = [a]
    if isinstance(b, str):
        b = [b]
    rst =[]
    for i in a:
        for j in b:
            rst.append(f'({i}+{j})')
            rst.append(f'({i}-{j})')
            rst.append(f'({j}-{i})')
            rst.append(f'({i}*{j})')
            rst.append(f'({i}/{j})')
            rst.append(f'({j}/{i})')
    return rst
```

```
def calc24(n1,n2,n3,n4):
    for nums in itertools.permutations([n1,n2,n3,n4]):
        a = str(nums[0])
        b = str(nums[1])
        c = str(nums[2])
        d = str(nums[3])
        rst = connect(connect(connect(a,b),c),d)
        for i in rst:
            try:
                if near(eval(i),24):
                    return i
            except:
                continue
        rst = connect(connect(a,b),connect(c,d))
        for i in rst:
            try:
                if near(eval(i),24):
                    return i
            except:
                continue
    return False
```

测试部分输入的输出为:

```
>>> calc24(1,2,3,4)
'(((1+2)+3)*4)'
>>> calc24(3,3,8,8)
'(8/(3-(8/3)))'
>>> calc24(3,3,7,7)
'(((3/7)+3)*7)'
>>> calc24(5,5,5,1)
'((5-(1/5))*5)'
>>> calc24(128,512,371,11)
'(11-((128-512)+371))'
>>> calc24(3+2j,3-2j,11,0)
```

```
'((((3+2j)*(3-2j))+11)+0)'
>>> calc24(8,8,8,8)
False
```

本章要点

1. 学会使用 enumerate、product、any、all、eval、exec 等高级函数。
   a) enmuerate 构造可靠的枚举。
   b) product 可生成笛卡尔积，常用来扁平化循环。
2. 了解字典和集合推导式。
3. 理解可迭代对象(iterable)与迭代器(iterator)。
   a) 迭代器都是可迭代对象，反之不然。
   b) iter 函数可依托可迭代对象生成迭代器。
   c) 可迭代对象可以由 for 循环遍历，迭代器可以由 next 函数寻访。
   d) 可迭代对象访问后元素不会被消耗，可迭代对象有长度。迭代器访问后元素即被消耗，迭代器没有长度。
4. 理解由 yield 构建的函数式生成器：遇 yield 则吐出一个元素，生成器中断，直至下一次被 next 函数寻访。
5. 了解 itertools 模块，在学习中注重使用已有模块的高级功能，实现简化应用程序设计的目标。

思考与练习

1. 使用 enumerate 函数输出带序号的 10 个随机数，序号形式为从 A.、B.、…到 J.。
2. 使用 product 函数和单层循环求所有的三位水仙花数。
3. zip 函数具有拉链功能，当多个对象数目不齐时，以最短的为准，多出的抛弃。示例代码如下：

```
import sys
li1 = [1,2,3,5,6]
li2 = [2,3,5,7]
li3 = [4,8,9,10,11]
rst1 = zip(li1,li2,li3)
print(list(rst1))
```

输出：

```
[(1, 2, 4), (2, 3, 8), (3, 5, 9), (5, 7, 10)]
```

请实现自定义函数 myZip，将多个对象进行拉链式组合，当多个对象的数目不齐时，以最长的为准，短缺部分用 None 补齐。并且输出一个迭代器对象，惰性生成所蕴含元素，不占据大量内存。

4. 请实现自定义函数 myReversed 对字符串进行倒序，该函数实现 reversed 的核心功能，即将字符串倒序，但是输出为迭代器对象，惰性生成所蕴含元素，不占据大量内存。

5. 实现函数 calc，输入为 4 个数值，输出为对 4 个数值进行四则运算（包括括号）的所有可能结果，将这些结果以由小到大排序的列表形式返回，且列表中没有重复元素。

6. 构造函数式生成器 g1，g1 的输出为从 1 开始增加的所有不逢 7 的自然数，逢 7 是指该自然数含有 7 或者是 7 的整数倍。

7. 构造函数式生成器 g2，g2 随机输出一个四个字母的伪单词，该单词为"辅音+元音+辅音+元音"的形式，如 bilo、wifi 等。

8. 思考：为什么 sorted 函数返回展开的序列，而 reversed 函数返回迭代器对象？

第 11 章
面向对象的程序设计

面向对象程序设计(object oriented programming, OOP)是一种程序设计范式，它模拟真实世界事物与事物间的关联，受其启发而设计。具体言之：

1. 通过类(class)来指代抽象的群体，通过实例(instance)来指代具体的对象(object)，类和实例的关系如图 11-1 所示。

2. 通过类的继承关系来映射群体与群体的关系。继承中有同也有不同，自然界中群体与群体的关系也正是如此。

抽象的苹果

具体的苹果

图 11-1　抽象的和具体的苹果

本章介绍类的定义、实例化方法、类的封装、继承和多态。

11.1 类的定义和实例化

面向对象程序设计中，最重要的概念就是类和实例。类是抽象的模板，比如 Student 类，表示学生，但不特指某学生。而实例是根据类创建出来的一个个具体的对象，例如学生张三、学生李四等等。

Python 中定义类和定义函数类似，使用 class 关键字引导，语法如下：

```
class 类名：
    类体
```

定义一个最简单的 Student 类，代码为：

```
>>> class Student: pass
```

代码中，class 关键字后面接类名，即 Student。类名通常以大写字母开头，类定义完成后，类名也是用来实例化对象的函数名。如上代码所定义的 Student 类什么操作也没有做，但如下语句表明，已经可以通过 Student 函数来实例化一个对象。

```
>>> st1 = Student()
>>> type(st1)
<class '__main__.Student'>
```

除了引入了类的概念之外，面向对象的程序设计还包括封装(encapsulation)、继承(inheritance)和多态(polymorphism)三大特征，本章后续将进行讲述。

知识点

有一种观点认为，OOP 并非是不可或缺的编程范式。实际上，利用本教程此前所讲述的函数式编程方法已足以解决现实世界的大部分问题，相对 OOP，这种范式称为面向过程的（process oriented programming, POP）。然而，采用采用面向对象程序设计，有以下几点优势：

1. 实施 OOP，可以减少代码的重复量，增强编程的灵活性，增强代码的可维护性。特别是：对于大型项目，OOP 几乎是必须的，没有 OOP 的程序设计不可想象。

2. 通过对数据的封装，可以提高代码的稳健性。

典型的 POP 语言如早期的 Fortran、Basic、C 等；典型的 OOP 语言如 C++、Java、Python 等。C++作为对 C 语言的扩充，最主要就是引入了 OOP。

类中，属性(attribute)是对对象的描述。比如 Student 类可以有 age、height，这些是属性；Dog 类总可以有 color、weight，这些也是属性。

方法(method)是对象的行为。比如 Student 有升学、留级，这些是行为；Dog 有吠、跑，这些也是行为。

总而言之：属性是名词，表示是什么；方法是动作，表示做什么。

通常，在类定义中实现的函数称为方法。在代码块中须实现名为__init__(self, arg1, arg2, ...)的方法，该方法的名称__init__是确定的，表示初始化 initialize。当某具体实例被构造时，__init__方法自动调用，这个方法具有至少一个参数，且第一个参数的名字约定俗成地定为 self，形如：

```
def __init__(self, arg1, arg2):
    函数体
```

__init__方法在类实例化时被调用，类的实例化是从抽象的类中派生出具体对象的关键一步，实例化的函数名跟类名相同，但是它的参数比__init__方法少一个。因为调用发生时，调用者被传给__init__的第一个参数（一般名为 self），然后所有的参数被依次传给__init__中 self 之后的参数。

【例 11-1】类的定义和实例化_1

```
class Student: #一个简单、合法但无意义的类
    pass


s = Student() #定义了一个 Student 类的实例
```

【例 11-2】类的定义和实例化_2

```
class Student:
    def __init__(self): #定义了__init__方法
        print("created")


s = Student() #创建时调用__init__方法，打印输出"created"
```

在类定义中，可以通过点语法配置类的属性，调用者为 self。在类外，可以通过点语法访问属性或方法。如：

```
obj1.attribute1
obj2.method()
```

【例 11-3】类的定义和实例化_3

```
class Student:
    def __init__(self,age,height):
```

```
        self.age = age #将参数 age 赋值给类的属性 age
        self.height = height #将参数 height 赋值给类的 height

s = Student(21,172) #创建实例
print(s.age) #打印输出属性值 21
```

程序点评：在__init__方法中，self.age = age 是指将传入参数赋值给类属性 age，这里传入参数和属性名通常一致，但这不是必须的。若语句改为 self.years = age，则表明类中的属性名为 years，它被赋值为 age。

每次实例化的结果是得到新的实例，它们在内存中据有不同的地址。可以这样理解：类是生产实例的工厂。

```
>>> #续前
>>> s1 = Student(21, 172)
>>> id(s1)
48944912
>>> s2 = Student(21, 172)
>>> id(s2)
48945008
```

以上代码，利用 Student 类创建了两个实例 s1 和 s2，可以看出，即使这两个对象的属性完全相同，它们也被创建在不同的地址，它们是不同的实例对象。

11.2　更复杂的类和实例

可以任意给实例动态地绑定属性，新增属性属于特定实例，不属于类，也不属于其他实例。

```
>>> #续前
>>> s1.weight = 65
>>> dir(s1) #结果为['age', 'height', 'weight']
>>> dir(s2) #结果为['age', 'height']
```

可见，通过给 s1.weight 赋值，即创建了专属实例 s1 的属性，利用 dir 函数可查证，这个属性在 s2 中并不存在。

在类的方法的参数中，依然可以采用默认参数、可变参数、关键字参数等形式，以满足灵活的应用需求。

【例 11-4】使用默认值参数的初始化函数。

```python
class Person:
    def __init__(self, name, sex = "M"):  #使用默认值参数
        self.name = name
        self.gender = sex
        print ("created.")


zhang3 = Person("Zhang San", "F")  #传入了 sex 值
li4 = Person("Li Si")  #未传入 sex 的值，故__init__会使用默认值
print(li4.gender)
```

输出：

```
created.
created.
M
```

【例 11-5】在类中定义其他方法。

```python
class Student:
    def __init__(self,age,height):
        self.age = age
        self.height = height
    #类中定义新的方法 nextYear
    def nextYear(self):
        self.age += 1


s = Student(19, 162)  #创建新实例 s
print(s.age)  #输出 19
s.nextYear()  #s 对象调用.nextYear 方法
print(s.age)  #输出 20
```

可见，在类中定义的其他方法和__init__类似，一般也应该包含 self 参数。调用时，调用主体被传给参数 self。

11.3　对内部数据的封装

Python 中的定义的类，实例可以在外部直接读或写属性数据，但这是一种为资深程序员所诟病的方法，因为这样做对数据而言不安全。C++中为了保障数据的私有性，设计了 private 关键字。Python 中这样设计：用双下划线 dunder 引导私有变量的定义，形如下列代码中的__score。

```
class Student:
    def __init__(self,n,s):
        self.name = n
        self.score = s

s = Student("Tom",92)
print(s.name,s.score)
s.score = 96 #在类的定义外部修改属性值，
尽管是可以的，但却是不安全的。
print(s.name,s.score)
```

```
class Student:
    def __init__(self,n,s):
        self.name = n
        self.__score = s #用__引导的
私有变量，仅内部可以访问。

s = Student("Tom",92)
print(s.name)
print(s.__score) #报错
```

经由__score 属性这样独特的设计，该属性的外部访问性被封禁了，数据的安全性得到了保障。然而，如果外部的确须要访问这个值，应该如何操作呢？

方案是：使用接口。这里接口就是函数，准确说，就是方法。典型地，程序员会使用 set/get 这样易于理解的方法名字，来实现对内部数据的封装，通过封装，实现可靠安全的访问。Student 类的定义改写为：

```
class Student:
    def __init__(self,n,s):
        self.name = n
        self.__score = s
    def getScore(self):        #读取成绩的方法
        return self.__score
    def setScore(self, s):     #写成绩的方法
        self.__score = s
s = Student("Tom",92)
print(s.getScore())            #输出 92
s.setScore(96)
```

```
print(s.getScore())          #输出 96
```

程序点评：从如上设计可看出，__score 这样的属性在类内部是自由访问的，但在类外部却是受限的。倘若外部须要操控__score 属性，只能是间接地通过特定的接口来完成，本例中就是 getScore、setScore 方法，这种程序设计的理念称为封装。

但是读者也许会有疑问，上列例子中：

既然 s.getScore()本质上还是读取__score；

既然 s.setScore(96)本质上还是执行 s.__score=96。

那么为何又要大费周章设计 setScore 和 getScore 方法并且让数据变为私有的__score 呢？

的确，如果类的设计者和使用者是同一个程序员，那么这样的设计是显得多余。

但是，当软件的规模变得庞大时，要考虑将类的设计者和使用者相分离，他们是不同的程序员，有不同的工作重点。因此，这时候最合理的分工方案是上层不须要关注底层，对于底层所必须知道的越少越好。底层也不须要关注上层，底层须要做好的，就是设计全面的、友好的接口，并写好说明文档。setScore 方法和 getScore 方法就属于这样的全面的、友好的接口的组成部分。

深一度

思考如下问题，理解封装的意义：

在什么场景下，直接使用 s.score 或执行调用 s.score=96 是不安全的，而调用 s.getScore()和 s.setScore(96)是安全的？也就是说什么情况下，这两种方式效果不同呢。

答：当底层改变设计的时候！

例如：当底层将属性名由 score 变为 rating。如果设计了好的接口，上层什么都不须要变更。但是如果没有使用接口，底层就不得不将变量名修改这一细节通知上层，否则上层读取 s.score 时发生运行时错误，写 s.score 时发生语义错误。

另外，当使用__定义了私有变量__score 之后，__score 的确在外部不能被访问。但只是因为这个变量名被 Python 解释器修改了。修改为什么？查看 dir(s)，我们的发现多出了变量：'_Student__score'，这正是被 Python 用障眼法隐藏的"私有"变量。如果读者发现了这一点，依然可以在外部读或者写__score 的值，只要将操作作用于实际的'_Student__score'。

也就是说，Python 没有象 C++那样设计一种方案彻底杜绝用户对变量的访问企图。

使用双下划线引导可以构造私有变量，__读作 dunder，私有变量不能从外部访问。
使用双下划线__包围的方法，被称为魔法方法(magic method)，双下划线包围可读作 dunders，还存在使用__包围的特殊属性，这些都可以从外部访问。

11.4 类变量

类变量是指定义在类中，而不是类的__init__方法中的变量。可以这样理解类变量：它是整个类的实例共享的。

类变量可以用类名作主语进行访问，可以读也可以写。

当使用实例做主语读取变量时，Python 先在实例的变量字典__dict__里查找，如果没有，则在类的变量字典里查找，如果还没有，则报错。

当使用实例做主语写变量并放在等号左侧时，如果实例的变量字典中有这个变量，则修改的是实例变量。如果实例变量字典中没有，则在实例变量字典中创建这个变量并赋值，并不干扰类变量。

推论：当删除一个实例变量之后再访问它，可能并不报错，只要这时候同名的类变量还存在。

当使用实例做主语写变量，但不是整体重新赋值而是修改可变对象时，修改的是类变量，而不是新建实例变量。

【例 11-6】类名作主语、实例做主语访问类变量。

```
class Book:
    price = 45        #类变量


b = Book()
print(Book.price)    #45
print(b.price)       #45
Book.price = 50
print(Book.price)    #50
print(b.price)       #50
```

【例 11-7】通过点语法创建实例变量。新建变量专属该实例，并不影响类变量。

```
class Book:
```

```
    price = 45          #类变量
    ls = [1]
b = Book()
print(b.__dict__)       #返回空字典{}
b.price = 68            #通过点语法创新建了属性，并不影响类变量，尽管名字相同
b.ls =[1,2]             #通过点语法创新建了属性，并不影响类变量，尽管名字相同
print(b.__dict__)       #返回{'price': 68, 'ls': [1, 2]}
print(Book.price)       #45,类变量并未改变
print(Book.ls)          #[1],类变量并未改变
```

输出为：

```
{}
{'price': 68, 'ls': [1, 2]}
45
[1]
```

【例 11-8】优先访问实例变量，其次访问类变量。仅当两次寻访均未获时，才报错。

```
class Book:
    price = 45          #类变量
a = Book()
print(a.__dict__)       #{}
a.price = 50            #通过点语法创新建了属性
print(a.__dict__)       #{'price': 50}
del a.price             #删除了实例变量
print(a.price)          #没有报错，因为同名的类变量还存在，因而输出 45
```

【例 11-9】通过实例操控类中的可变对象。当操作类变量中的可变对象时，并不产生同名的实例变量，这点不难理解，符合 Python 总是尽量地不新建内存的一贯风格。

```
class Test:
    li1 = [1,2]
    li2 = [3,4]
t = Test()
print(t.__dict__)       #返回空字典{}
t.li1 = [1,2,3]         #直接赋值，意味着创建专有属性
```

```
t.li2.append(3)        #不可能创建专有属性，而是操作类变量
print(t.__dict__)      #{'li1': [1, 2, 3]}
print(t.li1)           #[1, 2, 3]
print(t.li2)           #[3, 4, 3]
```

程序点评：总结，当使用点语法给某属性进行赋值操作时，意味着创建该属性。但是使用方法修改可变对象时，操作类变量。

【例 11-10】对象的组合调用。

```
class Dog:
    def __init__(self, name, owner):
        self.name = name
        self.owner = owner
class Person:
    def __init__(self, name):
        self.name = name
p1 = Person("Tom")
d1 = Dog("Jack", p1)
print(d1.owner.name)       #点语法的复合使用
```

输出：

```
Tom
```

11.5 继　承

定义某个类 B 继承自类 A，我们称 B 为子类(child class)，A 为父类、基类或超类(parent class, base class, super class)。语法要点是在括号中指明父类，如下：

```
class Dog(Animal):
    类体
```

对于子类的实例，即使不作任何定义，也能自动获得父类的所有属性和方法。如：

```
class Animal:
    def __init__(self,age):
        self.age = age
    def introduce(self):
```

```
        print ("I am here")

class Dog(Animal):   #定义 Dog 类，它继承自 Animal 类
    pass

a = Dog(3)
print(a.age)             #由于 Dog 类继承自 Animal，故有 age 属性
a.introduce()
```

输出略。

子类可以具有与父类不同的属性，处置相同属性时可将父类语句重写一遍，也可采用如下语句：

```
super().__init__()
```

子类也可以定义与父类不同的方法，这一点毫无疑问的。特别是，当子类重新定义了父类的方法时，新定义的方法将覆盖(override)原先的方法。

```
class Animal:
    def __init__(self, age):
        self.age = age
    def introduce(self):
        print ("I am here")
class Dog(Animal):
    def __init__(self, weight, age):
        super().__init__(age)        #处置父类属性
        self.weight = weight         #处置新属性
    def bark(self):                  #子类中新定义方法
        print ("wang,wang")
    def introduce(self):             #方法的覆盖
        print ("I am a dog, and I am here")
a = Dog(21.3, 5)
print(a.age, a.weight)
a.bark()
a.introduce()
```

输出：

```
5 21.3
```

```
wang,wang
I am a dog, and I am here
```

通过继承，使得一个子类的实例，它既属于子类，是其实例，也属于父类，也是其实例。显然，父类的实例不属于子类。可用 isinstance(对象，类名)来判断某对象是否属于某类。以下示例不难理解：

```
class Animal:
    pass
class Dog(Animal):
    pass
a = Animal()          #定义 Animal 的实例
d = Dog()             #定义 Dog 类的实例

print(isinstance(1,int))         #True
print(isinstance(1,str))         #False
print(isinstance(a,Animal))      #True
print(isinstance(a,Dog))         #False
print(isinstance(d,Animal))      #True
print(isinstance(d,Dog))         #True
```

继承可以一直传递下去，也就是说一个子类，也可以拥有它自己的子类，所有对象的祖先类都是 object。就是说，isinstance(对象, object)总是返回 True。

知识点

我们前面在介绍函数的时候，曾经说，引入函数的本质是为了代码的复用。言下之意，如果没有函数，程序还是可以写的，只是大量的代码会被重复使用，重复出现。

其实，面向对象程序的思想也是代码的复用，这一点和函数很类似。无非是，一套函数，可以适用不同的参数。而面向对象中的若干方法，可以适用于归属于该类的不同对象。同样，继承中也体现了代码复用的思想，读者可以自行体会。

11.6 魔法方法

从形式上看，magic method 是指被 dunders 包围的方法。一些典型的魔法方法如下：

- __init__，当对象实例化时，__init__方法被调用。另外，还有一个称为构造函数的__new__方法，它在初始化 initialize 之前被调用（本教程略）。

- __del__，称为析构函数，当对象被删除时自动被调用。

- __repr__，表现（representation）方法，当查看对象时，该方法被调用。

- __add__，加法运算，重载+。

11.6.1　__repr__方法

考察下列代码的表现：

```
class Animal():
    def __init__(self,name,age):
        self.name = name
        self.age = age
a = Animal("Hadoop",4)
print(a)
```

上列代码能正常运行，且输出比较晦涩的打印信息，为：

```
<__main__.Animal object at 0x02EAD490>
```

如果希望在 print 函数的输出中，呈现出较为友好的关键信息，可以通过定义 __repr__方法入手，因为当用 print 函数打印对象时，__repr__方法自动调用（此例中没有定义__str__方法）。在类定义中插入以下代码：

```
def __repr__(self): return self.name
```

即可得到对应输出：

```
Hadoop
```

还可以更进一步输出更友好的信息：

```
def __repr__(self): return self.name + ":" + str(self.age)
```

读者可自行测试其输出效果。

11.6.2　__add__方法

考察如下代码：

```
class Animal():
    def __init__(self,name,age):
        self.name = name
        self.age = age
a = Animal("Hadoop",4)
b = a + 3 #TypeError
```

程序点评：第 6 行程序报 TypeError 错，这是由于加号+不理解一个 Animal 对象和一个整数相加的含义，这又由于我们没有赋予其定义。假设设计者希望此表达式中的+运算执行这样的操作：用 a 的年龄和 3 相加，或者其他的什么逻辑。不管如何，我们都可以通过实现__add__方法，来达成这一目标，即让 b = a + 3 无错地运行。

【例 11-11】定义加法+。使其表示两个数相加。代码如下：

```
class Animal():
    def __init__(self,name,age):
        self.name = name
        self.age = age
    def __add__(self,other):
        return self.age+other

a = Animal("Hadoop",4)
b = a + 3 #7
```

程序点评：本例中 b 得到整数 7。这里 a + 3 本质为调用：a.__add__(3)，可见 a 跟 3 并非对称，运行 3+a 将报错。

【例 11-12】定义加法+。要求执行 b = a + 3 之后得到的 b 为新的对象，其 age 值为 7，a 还是原对象。核心代码如下：

```
def __add__(self, other):
    return Animal(self.name, self.age+other)
```

还可以执行这样的操作，使得得到的 b 为 a 的标签，且 a 的 age 值为 7，请读者自行练习。

上述这种一个函数（接口），可以适应多种不同数据类型的能力，称为多态(polymorphism)。

本章要点

1. 熟悉由 class 引导的类的定义语法。
2. 理解面向对象程序设计的意义，以及代码复用的本质。
3. 理解 Python 中类的内部封装方法：使用__前缀构造私有变量。以及理解封装的意义：提供可靠的接口，服务于大规模软件开发。
4. 理解 Python 中的类变量为所有实例所共享。理解 Python 中某类型实例访问变量的次序：首先在变量字典中找，其次在类变量中找。
5. 理解继承：继承中既包含同一性，又允许差异性，是对真实世界的映射。
6. 理解多态：对常用的运算符例如加号+可通过实现__add__方法赋予其意义，使得加操作可连接两个对象，这样加操作的行为模式得到拓展，体现多态性。
7. 以__init__、__repr__、__add__为例，熟练掌握主要的魔法方法。
   a) __init__在实例创建时自动调用，常用来构造作为属性的变量。
   b) __repr__在对象被表示时调用，是对象的外观表现。

思考与练习

1. 设计圆形类 Circle。包括：
   a) 属性圆心坐标 x、y 和半径 r。
   b) 求周长的方法 getLength、求面积的方法 getArea。
   c) 判断点和圆关系的方法 judgeCP，点在圆上或内部返回 True，否则返回 False。
   d) 判断圆和圆关系的方法 judgeCC，相交返回 1、包含返回 0、相离返回-1。

2. 设计一个极坐标系的点的类 Polar。包括：
   a) 属性极径 r 和极角 theta。
   b) 实现两个点的+、-、*、/四则运算（即重载魔法方法）。
3. 设计一个学生类 Student。包括：
   a) 作为属性的姓名 name、年龄 age 和成绩 score。
   b) 实现 isPassed 方法，当 score 大于等于 60 分时返回 True，否则返回 False。
   c) 实现__repr__方法，以 name(age)的字符串形式展示对象。
4. 继承 0 中的类 Animal，实现类 Cat，并新增属性 name，新增方法 run，重新定义方法 introduce，体会继承中的一致性和差异性。
5. 设计类 A、B 和 C，使得类 C 继承自 A 及 B，并满足：
   a) A 和 C 中有共同的属性，也有不同的属性。有相同的方法，有被覆盖的方法，有不同的方法。

b) B 和 C 中有共同的属性，也有不同的属性。有相同的方法，有被覆盖的方法，有不同的方法。

通过设计，体会继承中的一致性和差异性。

6. 改写 0 中的类 Animal 的实现，使得执行 b = a + 3 之后，b 为 a 的引用，且 a 的 age 值为 7。

7. 设计一个表示二维平面上点的集合的类 Points。包括：

a) 属性 x,y，均为表示坐标的列表。

b) 方法 getCenter 计算类的重心。

c) 方法 getLength 取得点的数目。

d) 方法 getDistance1 按照重心方式计算两个点集的距离，方法 getDistance2 输出两类点集内的最小距离，方法 getDistance3 输出两类点集内的最大距离。

8. 下列代码是扑克牌类 Poker 的定义，牌型只有 13*4，即 52 张（不包括大小王）。

```python
class Poker:
    def __init__(self, suit, rank):
        if 2 <= rank <= 14 and 1 <= suit <= 4:
            self.suit = suit
            self.rank = rank

        else:
            print("create failed")
```

请实现__repr__方法，使得对于：

a) p1= Poker(1,2)，展示的是字符串：梅花 2。

b) p2= Poker(2,5)，展示的是字符串：方块 5。

c) p3= Poker(3,11)，展示的是字符串：红心 J。

d) p4= Poker(4,14)，展示的是字符串：黑桃 A。

并实现__lt__、__eq__方法，使可以对任意两张牌比较大小。

e) lt 表示 less than，eq 表示 equal 相等。

f) 花色的大小规则是：黑桃 > 红心 > 方块 > 梅花。

第 12 章
数值计算模块 Numpy

Numpy(Numerical Python)是 Python 数据分析和处理中常用的基础性模块，它提供了多维数组对象 ndarray 及大量的数值计算函数。尽管 Python 的 list 类型也提供了类似二维、三维数组的嵌套表示，但相对而言 ndarray 的计算更加高效。特别是处理较大规模数据时，这种差异尤为显著。而且，Numpy 定义了逐元素的运算，使得诸如"数组+标量"这样在 list 中无法实现的操作，在 numpy 中可以以最容易理解的方式执行，这是所谓的广播式运算带来的便利，数组的广播操作以及通用函数大大减少了程序对 for 循环的依赖，从而使得编码更加简洁。

本章介绍 Numpy，包括它的基础对象多维数组、索引和切片、数组的运算以及通用函数等。

12.1 多维数组 ndarray 的创建

Numpy 并非 Python 内置的模块，因此在使用 import 导入之前要先使得磁盘上具有该模块。如果读者使用的是 Thonny 环境，可以在 Tools->Manage packages 中执行查找、安装，待安装成功后，便可以像使用内置模块一样使用 numpy。如果读者使用的是 Anaconda 环境则更为方便，Anaconda 内置了包含 numpy 在内的大量数据分析和处理模块，因此 Anaconda 安装完成后可以直接使用 import 语句导入，就如同 Python 中的内置模块一样。本章假设所有的代码运行之前均已经执行完毕如下导入语句：

```
import numpy as np
```

12.1.1　使用 array 函数

Ndarray(n-dimensional array)是 numpy 模块的核心对象，它储存单一数据类型的多维数组。可以直接利用模块中的 array 函数创建多维数组，此时输入对象可为形似数组的其他数据类型。例如：

```
>>> import numpy as np
>>> li = [1,3,5,8]
>>> ar1 = np.array(li) #以列表为输入对象
>>> ar1
array([1, 3, 5, 8])
>>> print(ar1)
[1 3 5 8]
```

第 1 行使用 import 语句导入 numpy 模块，并且约定俗成地给 numpy 起了别名 np，这样在后续使用该模块时，就要冠 np.前缀，而不用冠更长的 numpy.前缀。

第 3 行 array 函数将列表对象转存为 ndarray 对象，这一步执行内存复制，而不是引用。这意味着当数组生成后，如果修改 li 中的元素，ar1 并不会随之改变。如：

```
>>> li[0] = 9
>>> li
[9, 3, 5, 8]
>>> ar1
array([1, 3, 5, 8])
```

在 Shell 环境下，输入变量名 ar1 可以直接查看对象，也可以用 print 函数打印输出对象。上例可看出两者的输出在形式上小有区别，这是由于查看对象时调用 ar1 的__repr__方法，而 print 函数调用__str__方法。

考察以下示例，当输入对象为其他类似数组的类型时，array 函数依然执行转换：

```
>>> np.array((1,2,5))
array([1, 2, 5])
>>> np.array("125")
array('125', dtype='<U3')
```

```
>>> np.array((1,2,5.0))
array([1., 2., 5.])
>>> np.array((1,2,"5"))
array(['1', '2', '5'], dtype='<U11')
```

第 1 行，输入对象为元组类型，它可以被转换为一维数组。第 2 行，输入对象为字符串，array 将整个字符串作为唯一的元素（这和 list 函数的特性不同）。第 3 行，由于输入对象中 5.0 为浮点数，因此，整个 ndarray 基于维护类型一致性的需要，将所有元素降格为浮点数类型。第 4 行，元素"5"为字符串类型，同样，array 转换后，所有元素转变为字符串类型，U 表示 Unicode 字符串。

如果输入对象是嵌套列表，array 将其转换为多维数组：

```
>>> ar2 = np.array([[1,2],[3,4],[5,6]])
>>> ar2
array([[1, 2],
       [3, 4],
       [5, 6]])
```

可以使用 ndim、shape、size 属性查看数组的维度、形状和尺寸。如：

```
>>> ar2.ndim #续前
2
>>> ar2.shape
(3, 2)
>>> ar2.size
6
>>> np.prod(ar2.shape) == ar2.size
True
```

第 2 行 shape 的结果是一个元组，其中的元素分别表示二维数组的行数和列数。第 3 行 size 返回数组的元素数目。第 4 行通过 prod 函数将 shape 元组的各元素值做连乘运算，其结果正如所预期的一样，等于数组的 size。

温故知新

可以使用 dir(np) 查看 np 模块的内容，内容主要是函数，也包括如 random 这样的子模块。

也可以使用 dir(ar2) 查看 ar2 的属性和方法。

也可以使用诸如 help(np.prod) 查看某一函数的具体用法。

12.1.2　自动生成数组

除了通过 array 函数以转换方式得到数组外，Numpy 还提供一些生成特定结构数组的函数。包括：ones、zeros、empty、eye 等。如：

```
>>> np.ones(5)
array([1., 1., 1., 1., 1.])
>>> np.ones((1,5))
array([[1., 1., 1., 1., 1.]])
>>> np.ones((2,2,2))
array([[[1., 1.],
        [1., 1.]],

       [[1., 1.],
        [1., 1.]]])
```

第 1 行，ones 函数创建全 1 数组，参数 5 表示创建 size 为 5 的一维数组。如果要创建 1 行 5 列的二维数组，应该使用元组(1,5)作为函数参数，第 2 行语句进行如此操作。仔细观察可发现第 2 行的输出和第 1 行不同，后者是二维的。同样地，第 3 行使用(2,2,2)作参数，创建 2 行 2 列 2 组的三维数组。

默认情况下，ones、zeros 所输出的元素类型为浮点数，可以通过强制指定类型参数的方式改变其输出形态。

```
>>> np.zeros(3)              #生成全 0 数组
array([0., 0., 0.])
>>> np.zeros(3, int)         #生成全 0 整数数组
array([0, 0, 0])
>>> np.eye(3, dtype=int)     #生成单位矩阵
array([[1, 0, 0],
       [0, 1, 0],
       [0, 0, 1]])
>>> np.empty((2,3))          #生成空数组，其值未经初始化
array([[3.44900878e-307, 4.22786102e-307, 2.78145267e-307],
       [4.00537061e-307, 9.45656391e-308, 7.12652556e-278]])
```

值得注意的是，使用以上函数生成多维数组时，参数均应当是元组对象，而不

是 2 个或者 3 个整数。下面的调用将报告 TypeError：

```
>>> np.ones(2,3)                    #类型错误
```

还有一种常见的需求，如生成值全为 5 的数组，可以使用以下两种方法之一实现：

```
>>> #方法 1，在全 1 的基础上进行广播式计算
>>> np.ones((3,4)) * 5
array([[5., 5., 5., 5.],
       [5., 5., 5., 5.],
       [5., 5., 5., 5.]])
>>> #方法 2，使用 fill 方法
>>> a = np.ones((3,4))
>>> a.fill(5)                       #该方法返回 None
>>> a
array([[5., 5., 5., 5.],
       [5., 5., 5., 5.],
       [5., 5., 5., 5.]])
```

由于 fill 方法的特性是修改原对象，且不返回值，因此如果测试 np.ones((3,4)).fill(5) 的输出，将得到 None，通常这不是程序员所期望得到的结果。

此外，还可以利用 arange(start, stop, step) 函数生成就地展开的一维数组。arange 函数的三个参数 start,stop,step 和 range 函数的参数含义相同，但返回对象与 range 对象不同。后者（range 对象）是惰性生成的对象，而 arange 函数返回的是数组对象，因此称之为就地展开。另一区别是，arange 函数支持浮点数类型的参数，这样看来 arange 功能更显强大。如：

```
>>> np.arange(3)                #默认以 0 为起点，1 为步长
array([0, 1, 2])
>>> np.arange(2,7)              #默认以 1 为步长
array([2, 3, 4, 5, 6])
>>> np.arange(2,7,2)           #以 2 为步长
array([2, 4, 6])
>>> np.arange(2.1,7.6,0.8)  #以浮点数为参数，这是 range 函数所不支持的
array([2.1, 2.9, 3.7, 4.5, 5.3, 6.1, 6.9])
```

和 arange 函数功能类似的是函数 linspace(start, stop, num=50, endpoint=True, ...)。顾名思义，该函数输出线性(linear)分隔的多个点。linspace 函数的参数为起点、终点

和点数等。相比 arange 函数，它还可以指定最终生成的点里是否包含终点 stop，因此相当灵活。

```
>>> np.linspace(1,3,5)        #返回 5 个点，默认包含终点
array([1. , 1.5, 2. , 2.5, 3. ])
>>> np.linspace(1,3,5,False)
array([1. , 1.4, 1.8, 2.2, 2.6])        #返回 5 个点，不包含终点
```

12.1.3   使用 reshape 方法重塑数组形状

典型地，可以使用 reshape 方法重塑数组的形状。重塑发生时，根据参数形式其维度可以不变，也可以改变。例如：

```
>>> ar1 = np.arange(12)
>>> ar2 = ar1.reshape((3,4))
>>> ar2
array([[ 0,  1,  2,  3],
       [ 4,  5,  6,  7],
       [ 8,  9, 10, 11]])
>>> ar3 = ar2.reshape((2,6))
>>> ar3
array([[ 0,  1,  2,  3,  4,  5],
       [ 6,  7,  8,  9, 10, 11]])
>>> ar4 = ar3.reshape((2,3,2)) #reshape 的同时改变了维度
>>> ar4
array([[[ 0,  1],
        [ 2,  3],
        [ 4,  5]],

       [[ 6,  7],
        [ 8,  9],
        [10, 11]]])
>>> ar5 = ar4.reshape(12)
>>> ar5
array([ 0,  1,  2,  3,  4,  5,  6,  7,  8,  9, 10, 11])
```

上列程序中，reshape 方法接受一个元组对象作为参数，在元组中列明了各维度的大小。尽管省略元组的定界符()，即写成 reshape(3,4)这样的形式，在语法上也正确，但我们不建议这样做。我们推荐形如 reshape((3,4))的写法，以保持风格的一致性，正如 ones((3,4))一样。

当实施 reshape 操作时，实际上并没有真正复制内存，而是在原有数据之上建立引用（或称视图）。验证代码如下：

```
>>> ar1[0] = 99 #续前
>>> ar5
array([99, 1, 2, 3, 4, 5, 6, 7, 8, 9, 10, 11])
```

可见，前列程序所构造的 ar1、ar2、ar3、ar4、ar5 在底层均指向同一片内存区域，这样设计的初衷当然是为了在处理大规模数据时更加节省内存。

12.1.4　Ndarray 的属性

前面，我们已经接触过 ndarray 的 ndim、shape 和 size 属性。顾名思义，它们分别表示数组对象的维度（又称为秩）、形状、大小。总结如下：

● ndim 属性是只读的，不要试图修改其值。

● shape 属性可以被赋值，当给 shape 赋值时，效果等同于调用 reshape 方法。如：

```
>>> ar1 = np.arange(1,5)
>>> ar1.shape = 2,2
>>> ar1
array([[1, 2],
       [3, 4]])
```

● size 属性也是只读的，不要试图修改其值。

此外，常用的属性还包括：

● dtype 属性，展现对象的数据类型，如：

```
>>> ar1 = np.array([1,0,5])
>>> ar1.dtype
dtype('int32')
>>> ar2 = np.array([1.0,0,5])
>>> ar2.dtype
```

```
dtype('float64')
```

但是，不要试图通过修改 dtype 属性来重设数组的数据类型，这样做往往会导致意外的结果。正确的做法是使用 astype 转换函数。如：

```
>>> ar1.astype(float) #续前
array([1., 0., 5.])
```

● T 属性，表示向量或矩阵的转置(tranpose)，如：

```
>>> ar1 = np.arange(1,5).reshape((2,2))
>>> ar1
array([[1, 2],
       [3, 4]])
>>> ar1.T
array([[1, 3],
       [2, 4]])
```

想一想，矩阵的转置运算会引发内存拷贝吗？答案是否定的，因为在转置操作中，实际的元素既没有变多也没有变少，也没有发生值的改变，只是其展现次序发生了有规律的变化。因此，矩阵的转置返回的是对原对象的引用，而不是新建内存，读者可以自行验证这一结论。

12.2　索引和切片

12.2.1　一维数组的索引和切片

一维数组的索引和切片方式与 list 类似，举例如下：

```
>>> ar = np.arange(10)
>>> ar[0:5]
array([0, 1, 2, 3, 4])
>>> ar[-4:-1]
array([6, 7, 8])
>>> ar[-1:-4]
array([], dtype=int32)
>>> ar[-1:-4:-1]
```

```
array([9, 8, 7])
```

从上列程序可看出，数组的切片操作，其形式的确和 list 相同，但在底层，两者存在若干区别。

区别一：数组切片是对原数组的引用（视图），而不是复制；而列表切片是对原内容的复制。如：

```
>>> ar = np.arange(10)
>>> ar1 = ar[:3]
>>> ar[0] = 99          #修改原数组
>>> ar1                 #数组切片是依赖于原数组的引用
array([99, 1, 2])
>>> li = list(range(10))
>>> li1 = li[0:3]
>>> li[0] = 99          #修改原列表
>>> li1                 #列表切片是对原内容的复制
[0, 1, 2]
```

通过例子，我们发现 numpy 中的切片方式并不执行内存复制，而是引用原内存。这一特性非常适应针对大规模数据的处理，因为可以减少内存开销。不过，如果应用中就须要得到 ndarray 切片的副本，又该如何处理呢？此时我们可以使用数组对象的 copy 方法，如：

```
>>> ar = np.arange(10)
>>> ar1 = ar[:3].copy()         #使用拷贝方法，产生新的副本
>>> ar1[0] = 99                 #对新内存进行操作
>>> ar                          #对新内存的操作并不影响原数组
array([0, 1, 2, 3, 4, 5, 6, 7, 8, 9])
```

区别二：数组可以对多值切片进行整体赋值操作，但同样的操作对于列表并不合法。如：

```
>>> ar = np.arange(10)
>>> ar[1:4] = 99                #整体性赋值操作合法
>>> ar
array([ 0, 99, 99, 99, 4, 5, 6, 7, 8, 9])
>>> ar[4:7] = 100,101,102       #一一对应的赋值操作亦合法
>>> ar
array([ 0, 99, 99, 99, 100, 101, 102, 7, 8, 9])
```

```
>>> li = list(range(10))
>>> li[1:4] = 99                        #TypeError，不支持整体性赋值
```

12.2.2 多维数组的索引和切片

当数组为多维时，其索引方式变得复杂，以二维数组为例，考察下列代码：

```
>>> ar2d = np.arange(1,26).reshape((5,5))
>>> ar2d
array([[ 1,  2,  3,  4,  5],
       [ 6,  7,  8,  9, 10],
       [11, 12, 13, 14, 15],
       [16, 17, 18, 19, 20],
       [21, 22, 23, 24, 25]])
>>> ar2d[1] #取得第 1 行（以 0 为基）的全体
array([ 6,  7,  8,  9, 10])
>>> ar2d[3][4]
20
>>> ar2d[3,4]
20
```

上列代码中，使用了三种索引方式，总结一下为：

● 当索引为单个整数时，表示引用某一行数据，ar2d[1]等效于 ar2d[1,:]。

● 可以使用 ar2d[3][4]这样逐次索引的方式，由于 ar2d[3]取得了第 3 行（以 0 为基），则 ar2d[3][4]取得第 3 行的第 4 个（列）元素。

● 可以使用 ar2d[3,4]这样综合的方式，取得第 3 行第 4 列的元素。

当数据维度高于 2 维时，索引的方法更加多样，但其原理是类似的，如果[]中的整数数目小于维数，会得到低维度的数组直至标量。如：

```
>>> ar3d = np.arange(24).reshape((2,3,4))
>>> ar3d[1,2,3] #取得标量（可理解为零维数组，3-3=>0）
23
>>> ar3d[1,2]   #取得一维数组，3-2=>1
array([20, 21, 22, 23])
>>> ar3d[1]     #取得二维数组，3-1=>2
```

```
array([[12, 13, 14, 15],
       [16, 17, 18, 19],
       [20, 21, 22, 23]])
```

如果要获取连续的一系列数据，可以使用带有:的切片方式，同样以二维数组为例：

```
>>> ar2d = np.arange(12).reshape((3,4))
>>> ar2d
array([[ 0,  1,  2,  3],
       [ 4,  5,  6,  7],
       [ 8,  9, 10, 11]])
>>> ar2d[:2,1:] #取得第0、1行，第1、2、3列
array([[1, 2, 3],
       [5, 6, 7]])
>>> ar2d[1,:2]  #取得第1行，第0、1列
array([4, 5])
>>> ar2d[:2,2]  #取得第0、1行，第2列
array([2, 6])
>>> ar2d[:,:1]  #取得所有行，第0列
array([[0],
       [4],
       [8]])
>>> ar2d[:,0]   #取得所有行，第0列
array([0, 4, 8])
```

注意上述最后两种切片方式，虽然都是取得所有行和第0列的3个元素，但是结果的形态却不相同。使用 ar2d[:,:1]得到的是二维数组，这是由于两个维度均使用了冒号:，而使用 ar2d[:,0]得到的是一维数组，这是由于有一个维度是标量0。

对于二维数组，如果只用一个维度进行切片，则效果是取得行。例如：

```
>>> ar2d[:1]
array([[0, 1, 2, 3]])
```

毫无疑义，上述例子返回的数组都是原数组的视图，而非副本。

二维数组的切片结果，到底是什么形态？这当中是有规律可循的，以下列对象为例：

```
>>> ar2d
array([[ 0,  1,  2,  3],
       [ 4,  5,  6,  7],
       [ 8,  9, 10, 11]])
```

切片结果可以是：

- 二维数组。当两个维度的切片方式都含有:时，得到二维数组。如 ar2d[2:,3:]得到 array([[11]])。
- 一维数组。当两个维度的切片方式中有一个为整数时，得到一维数组。如 ar2d[2:,3]得到 array([11])，ar2d[2,3:]也得到 array([11])。
- 标量。当两个维度的切片方式都为整数时，得到标量。如 ar2d[2,3]得到整数 11。

可见尽管结果貌似都为 11，但结构不同，它可能是二维数组、一维数组或标量。特别地，当只有一个维度进行切片时，表示获取某些行的值。结果是几维呢？

- 当切片方式为行如 ar2d[:1]时得到二维，本质上是获取第 1 行之前的所有行。
- 当切片方式为形如 ar2d[0]时得到一维，本质上是获取第 0 行。

深一度

12.2.3 使用布尔值进行索引

除了使用整数作为索引之外，Numpy 的数组对象还支持使用布尔值作为索引，此时要求布尔值的数目和数组 dimension 0 的元素数目相同。例如：

```
#对于一维数组
>>> ar = np.array([1,2,3,5])
>>> idx = [True, False, True, False]
>>> ar[idx] #保留那些布尔值为 True 对应位置的值
array([1, 3])
#对于二维数组
>>> ar2d = np.arange(12).reshape((3,4))
>>> ar2d
```

```
array([[ 0,  1,  2,  3],
       [ 4,  5,  6,  7],
       [ 8,  9, 10, 11]])
>>> ar2d[[True,False,True]]  #返回对应的行
array([[ 0,  1,  2,  3],
       [ 8,  9, 10, 11]])
>>> ar2d[[True,False,True],[True,False,False,False]]  #返回若干行若干列
array([0, 8])
```

注意，作为 index 的对象，本身的形式是一个列表（如 idx）或数组。如果使用 ar[True,False,True,False]这样的索引方式，可能得到不符合预期的结果。

在多维数组的情况下，还可以将布尔值索引和整数索引两种方式混合使用，如：

```
>>> #续前
>>> ar2d[[True,False,True],0]   #一半布尔值索引，一半整数索引
array([0, 8])
>>> ar2d[[True,False,True],:2] #一半布尔值索引，一半切片
array([[0, 1],
       [8, 9]])
```

善用布尔值索引的特性，并结合逻辑运算，可以巧妙地对数组元素进行过滤，因为数组的逻辑运算本质上得到布尔值数组。如：

```
>>> #续前
>>> ar[ar<4]
array([1, 2, 3])
>>> ar2d[ar2d>5]
array([ 6,  7,  8,  9, 10, 11])
```

在上例中，ar2d>5 返回一个布尔值数组，但是最后所得的结果为被"拉直"的一维数组。

那么，在数组的布尔值索引中，是否为引用，或发生内存拷贝呢？答案是：布尔值索引，是对原数据的拷贝。示例如下：

```
>>> ar_ = ar[ar<4]
>>> ar_
array([1, 2, 3])
>>> ar_[0] = 99      #修改 ar_
>>> ar               #观察 ar
```

```
array([1, 2, 3, 5])
```

可见，ar_并不和 ar 共享内存区域，至于为什么这样（为什么又不考虑节省内存了呢）？后文将予以剖析。

12.2.4 魔法索引

魔法索引是指使用整数型数组或 Python 内置的 list 作为索引。根据索引数组的值作为目标数组的某个轴的下标来取值。如：

```
>>> arr = np.arange(10) * 100
>>> idx = [7,1,2,6]
>>> rst = arr[idx]
>>> rst
array([700, 100, 200, 600])
>>> rst[0] = 777
>>> rst
array([777, 100, 200, 600])
>>> arr
array([  0, 100, 200, 300, 400, 500, 600, 700, 800, 900])
```

再一次，我们发现魔法索引执行的是数据拷贝，发生内存复制。我们可以这样来理解，既然构成索引的列表是由无序的整数组成，那么列表的信息量会随着列表长度的增加而膨胀。因此，倘若还希望采用共享内存的方式来取得返回值，就势必要保存信息量同样不菲的索引信息，与其这样倒不如复制内存来得直接。

总结，以下行为执行内存复制：

● 使用 array 函数创建数组；

● 使用布尔值对数组进行索引；

● 使用列表进行魔法索引。

以下行为本质上为引用：

● 使用 asarray(某 array)函数创建数组；

● 数组的切片；

● 数组的 T 属性；

- 数组的 reshape 方法。

Numpy 数组在什么场景下复制内存，又在什么场景下共享内存？回答是，Numpy 总是尽量地共享内存，比如转置、reshape、切片方式等。

Numpy 在使用 array() 创建数组时的确复制了内存。这是因为数组具有特殊的底层结构，相对于 Python 原生的结构更加高效，是后续一切处理操作的起点。array 通过构建专有的内存区域,实现了和原生的、低效的容器之间划清物理界限的效果。

Numpy 在使用列表作为索引，或者布尔值作为索引的时候，其寻访内存所需的信息量跟索引的长度成正比。因此，若想通过共享内存来实现，就免不了还要保存同样很繁杂的信息。在转置、reshape、切片等方式当中，之所以可以共享内存，本质是因为索引本身的信息量并不大，且不膨胀。

深一度

想一想，如果要你记住以下两组整数 A 和 B。你觉得记住哪一组难度更大呢？

A：5, 6, 7, 8, 9, 10, 11, 12, 13, 14

B：11, 9, 10, 14, 7, 8, 6, 13, 5, 12

我想所有人都一样，记住 B 比记住 A 更加困难，这是因为序列从 5~14 是我们大脑中的固有内存记忆，因此 A 直接引用了大脑的已知区域，记住 A 只须记住两点信息，就是：

- 起点是 5;
- 终点是 14，或长度是 10。

而 B 虽然也是 5~14 这 10 个数，但其次序完全打乱且无明显规律，所以我们就无法引用大脑存储的固有区域，导致更难记住。任何人不至于考虑这样的记忆方法，就是分别记住这 10 个数在原来序列中的编号，即 11 对应的 7, 9 对应的 5，如此……

7, 5, 6, 10, 3, 4, 2, 9, 1, 8

结论：若要记住 B 这样的特殊序列，只能在大脑中强行开辟存储，并强力地记住。

12.3　数组的运算

对于两个列表，如果要让它们的元素逐对相加，从而得到新的列表，并不容易实现。如：

```
>>> a = [1,2,3,4]
```

```
>>> b = [5,6,7,8]
>>> a + b #仅将列个列表连接
[1, 2, 3, 4, 5, 6, 7, 8]
>>> [i+j for i,j in zip(a,b)] #将两个列表按元素逐对相加
[6, 8, 10, 12]
```

对于 array 对象，加法+运算表示将两个等 shape 的对象逐元素相加，如：

```
>>> #续前
>>> ar_a = np.array(a)
>>> ar_b = np.array(b)
>>> ar_a + ar_b
array([ 6, 8, 10, 12])
```

同样，当两个数组的 shape 相等时，加、减、乘、除，乃至幂运算，都可以输出得到符合预期的结果，如：

```
>>> ar2d = np.array([[1,2],[3,4]])
>>> ar2d ** ar2d
array([[  1,   4],
       [ 27, 256]], dtype=int32)
```

此外，将一个标量和一个数组进行运算，也是可行的，其结果等同于将标量与每一个元素进行运算。如：

```
>>> np.eye(3) + 1
array([[2., 1., 1.],
       [1., 2., 1.],
       [1., 1., 2.]])
>>> np.zeros((4,5)) -2
array([[-2., -2., -2., -2., -2.],
       [-2., -2., -2., -2., -2.],
       [-2., -2., -2., -2., -2.],
       [-2., -2., -2., -2., -2.]])
```

此外，即使两个参加运算的数组 shape 不完全匹配，但是如果可以以广播的方式使其匹配，则运算也可以进行。典型情况是：一个长度为 m 的一维数组，和一个 dimension 1 的长度为 m 的二维数组，可以以广播方式进行运算。如：

```
>>> ar_1 = np.arange(3)
>>> ar_2 = np.arange(12).reshape((4,3))
```

```
>>> ar_1
array([0, 1, 2])
>>> ar_2
array([[ 0,  1,  2],
       [ 3,  4,  5],
       [ 6,  7,  8],
       [ 9, 10, 11]])
>>> ar_1 + ar_2
array([[ 0,  2,  4],
       [ 3,  5,  7],
       [ 6,  8, 10],
       [ 9, 11, 13]])
```

在上面的例子中，一个加数为 3 个元素的一维数组，另一个加数为 4 行 3 列的二维数组，两者相加时，前者（3 个元素的一维数组）array([0, 1, 2])被延展为如下对象：

```
array([[0, 1, 2],
       [0, 1, 2],
       [0, 1, 2],
       [0, 1, 2]])
```

而后，运算以逐元素的方式进行。但是，不能就此认为广播方式必定是逐行展开，它也可以是逐列地。如：

```
>>> ar_1 = np.array([1,2])
>>> ar_2 = np.eye(2)
>>> ar_1
array([1, 2])
>>> ar_2
array([[1., 0.],
       [0., 1.]])
>>> ar_1 + ar_2                      #ar_1 按行展开
array([[2., 2.],
       [1., 3.]])
>>> ar_1.reshape((2,1)) + ar_2  #ar_1 的变形按列展开
array([[2., 1.],
```

```
    [2., 3.]])
```

由上面介绍的语法可知，两个矩阵是可以逐元素相乘的。如：

```
>>> ar1 = np.array([1,2,3])
>>> ar2 = np.ones((3,3))
>>> ar1 * ar2
array([[1., 2., 3.],
       [1., 2., 3.],
       [1., 2., 3.]])
```

这时的乘法运算按照广播的规则，进行逐元素相乘。但是如果你期望的是将 1*3 的矩阵和 3*3 的矩阵进行矩阵乘法，结果得到 1 行 3 列的矩阵，那就要使用 np 模块的 dot 函数，或数组对象的.dot 方法，二者殊途同归：

```
>>> np.dot(ar1,ar2)
array([6., 6., 6.])
>>> ar1.dot(ar2)
array([6., 6., 6.])
```

12.4　Numpy 模块中的通用函数

12.4.1　一元运算函数

除了支持两个数组的逐元素运算外，Numpy 还支持相当多的内置函数，可以一次性地对数组进行逐元素运算，从而减少了调用循环的需求。这些函数大多可以通过名字以望文生义的方式初判其功能，进一步也可以通过 help 函数查实其准确功能。如：

● abs：求数组元素绝对值。

● sqrt：求数组元素的平方根。

● exp：求数组元素的 e 的幂。

● log, log10, log2：求对数，分别以 e、10 和 2 为底。

● sign：符号函数，根据符号情况返回+1、-1 或 0。

● isnan：判断是否 NaN（not a number）。

部分函数的例程如下：

```
>>> ar = np.array([1,2,-5])
>>> np.abs(ar)
array([1, 2, 5])
>>> np.log(ar[:2])
array([0.        , 0.69314718])
>>> np.isnan(np.log(ar)) #对最末元素求 log 将会产生 nan。
__main__:1: RuntimeWarning: invalid value encountered in log
array([False, False,  True])
```

12.4.2　二元运算

同样地，Numpy 模块支持若干二元运算函数以及比较操作。这些操作将作为参数的对象以逐元素的方式进行求解。部分函数的例程如下，它们的含义可参看代码注释：

```
>>> ar1 = np.array([1,2,5,9])
>>> ar2 = np.array([3,4,6,8])
>>> np.add(ar1,ar2)         #加
array([ 4,  6, 11, 17])
>>> np.subtract(ar1,ar2)    #减
array([-2, -2, -1,  1])
>>> np.multiply(ar1,ar2)    #乘
array([ 3,  8, 30, 72])
>>> np.divide(ar1,ar2)      #除
array([0.33333333, 0.5       , 0.83333333, 1.125     ])
>>> np.power(ar1,ar2)       #指数运算
array([       1,       16,    15625, 43046721], dtype=int32)
>>> np.maximum(ar1,ar2)     #取最大值
array([3, 4, 6, 9])
>>> np.minimum(ar1,ar2)     #取最小值
array([1, 2, 5, 8])
>>> ar1 > ar2
```

```
array([False, False, False, True])
```

12.4.3　where 函数

where 函数可以根据设置的条件对原数据进行分别操作，格式为：

```
where(condition, [x, y])
```

该函数逐一判断数组元素，当条件成立时，将对应位置的值设为 x，否则设为 y。where 函数返回新的结果，并不修改原数组。

【例 12-1】判断一个数组，将其中值大于 3 的位置设为 1，否则设为 0。

```
>>> a = np.array([[0,1,2],[0,2,4],[0,3,6]])
>>> a
array([[0, 1, 2],
       [0, 2, 4],
       [0, 3, 6]])
>>> np.where(a>3,1,0)
array([[0, 0, 0],
       [0, 0, 1],
       [0, 0, 1]])
```

【例 12-2】判断一个数组，将其中值大于 3 的位置设为 100，否则保持不变。

```
>>> np.where(a>3,100,a)
array([[  0,   1,   2],
       [  0,   2, 100],
       [  0,   3, 100]])
```

12.5　其他方法和函数

12.5.1　统计方法和计算的轴向

对于一维数组，可以用 max 方法取得其最大值。对于二维数组，也可以调用 max 方法，根据参数形态的不同，其结果是多样的，可以是全体数据的最大值，也可以是各行或各列的最大值。要实现后者这样的效果，须要配置轴向参数。例如：

```
>>> ar = np.random.random((3,4))
>>> ar
array([[0.71792727, 0.95667777, 0.46967226, 0.04641883],
       [0.62798607, 0.15391443, 0.79296229, 0.76679925],
       [0.04261739, 0.14144135, 0.24948393, 0.46631166]])
>>> ar.max()                    #获取全体数据的最大值
0.9566777690510231
>>> ar.max(axis = 0)            #获取各列最大值
array([0.71792727, 0.95667777, 0.79296229, 0.76679925])
>>> ar.max(1)                   #获取各行最大值
array([0.95667777, 0.79296229, 0.46631166])
```

除 max 方法外，Numpy 还支持大量的数学和统计方法。其中常用的一部分通过示例代码及注释展示如下：

```
>>> ar = np.array([2.5, 3.8, 4.17, -2, -6.9])
>>> ar.sum()                    #和
1.5699999999999985
>>> ar.mean()                   #均值
0.3139999999999997
>>> ar.std()                    #标准差
4.22364581848431
>>> ar.max() - ar.min()         #极差
11.07
>>> ar.argmin(),ar.argmax()     #最小值的索引，最大值的索引
(4, 2)
>>> ar.cumsum()                 #累加和
array([ 2.5 ,  6.3 , 10.47,  8.47,  1.57])
>>> ar.cumprod()                #累乘积
array([ 2.5 ,   9.5 ,  39.615, -79.23 , 546.687])
```

求和方法 sum 还有一种典型应用，即用于统计满足特定条件的元素数目：

```
>>> (ar>0).sum()
3
```

在这行代码中，点号前的主语部分实则为布尔值数组。当对布尔值进行求和运算时，False 被视作 0，True 被视作 1，这样上述表达式巧妙地实现了对正数数目的

统计计数。

12.5.2　sort/unique 方法

sort 方法可以对数组进行排序，并且就地修改原数组，返回 None。如：

```
>>> #例 1
>>> ar = np.array([2.5, 3.8, 4.17, -2, -6.9])
>>> ar.sort()
>>> ar
array([-6.9 , -2.  ,  2.5 ,  3.8 ,  4.17])
>>> #例 2
>>> np.random.seed(1949)
>>> ar2d = np.random.randint(1,20,(3,4))
>>> ar2d
array([[14, 17, 17,  2],
       [11,  8, 17,  5],
       [ 9, 18, 18, 14]])
>>> ar2d.sort(0) #将每一列分别排序
>>> ar2d
array([[ 9,  8, 17,  2],
       [11, 17, 17,  5],
       [14, 18, 18, 14]])
>>> ar2d.sort(1) # （在上一步的基础上）将每一行分别排序
>>> ar2d
array([[ 2,  8,  9, 17],
       [ 5, 11, 17, 17],
       [14, 14, 18, 18]])
```

以上这种将每一行，或者每一列分别排序的方法实际上破坏了行和行之间的关系，以及列跟列之间的关系。更多的时候，我们须要将数组就某一行排序，而其他行跟随。为此，可采用如下办法：

```
>>> np.random.seed(1949)
>>> ar2d = np.random.randint(1,20,(3,4))
>>> ar2d[:,ar2d[0].argsort()]
```

```
array([[ 2, 14, 17, 17],
       [ 5, 11,  8, 17],
       [14,  9, 18, 18]])
```

程序点评：上面的代码中，ar2d[0]取得最上方行的数据，argsort 方法取得该行数据排序后结果所对应的索引号，将这个索引号作为列，用:表示所有行，最终得到整个表达式 ar2d[:,ar2d[0].argsort()]，请读者仔细揣摩这一用法。

12.5.3　线性代数函数、方法和子模块

Numpy 支持多种线性代数运算。其中，diag 函数可以根据输入的一维数组构造对角矩阵，或取得二维数组的对角元素，如：

```
>>> np.diag((2,3,5))  #以参数为对角线元素构造对角阵
array([[2, 0, 0],
       [0, 3, 0],
       [0, 0, 5]])
>>> np.diag(np.arange(9).reshape((3,3)))  #取得矩阵的对角线元素
array([0, 4, 8])
```

dot 表示点乘，典型地，两个一维向量的点乘是求内积，而两个二维向量的点乘表示矩阵乘法。如：

```
>>> a = np.arange(5)
>>> b = np.arange(10,20,2)
>>> a*b  #*表示求逐元素乘积
array([ 0, 12, 28, 48, 72])
>>> a.dot(b)  #求向量内积的方法 1，使用 dot 方法
160
>>> np.dot(a,b)  #求向量内积的方法 2，使用 dot 函数
160
```

这个例子也表明，Numpy 中有相当多的运算，既支持函数实现，也支持方法实现，这两者在使用效率上是相同的。

但是哪种更方便呢？笔者认为使用方法 1，也就是把 dot 用做方法而不是函数更便捷。因为 x.dot(y)这样的写法在形式上可以多次向后传递，而 np.dot(x,y)这样的写法只能用嵌套来实现连续调用，当深度增加时，嵌套不是特别清晰可读，书写起来，也较为繁琐。如：

```
>>> ar = np.arange(9).reshape((3,3))
>>> ar.dot(ar).dot(ar).dot(ar) #表示矩阵乘法
array([[ 2430,  3132,  3834],
       [ 7452,  9612, 11772],
       [12474, 16092, 19710]])
>>> np.dot(ar,np.dot(ar,np.dot(ar,ar))) #也表示矩阵乘法，形式显得复杂
array([[ 2430,  3132,  3834],
       [ 7452,  9612, 11772],
       [12474, 16092, 19710]])
```

但是，须要注意方法和函数并非都是一一对应的。有一些功能只支持函数表示，如：

```
>>> np.median(np.array([1,2,4,5])) #返回中位数
3.0
>>> np.array([1,2,4,5]).median() #报 AttributeError
```

也有一些功能只支持方法表示，如：

```
>>> ar.tolist() #转换为列表
[[0, 1, 2], [3, 4, 5], [6, 7, 8]]
>>> np.tolist(ar) #报 AttributeError
```

二维数组的 trace 方法取得矩阵的迹，即对角线元素之和：

```
>>> #续前
>>> ar.trace()
12
```

另外还有一些功能集成在线性代数子模块 linalg 中，如：det、eig、inv、svd、solve 等。下面的程序通过示例和注释来阐明这些函数的用法和功能。

```
>>> ar = np.array([1,2,3,4]).reshape((2,2))
>>> ar
array([[1, 2],
       [3, 4]])
>>> np.linalg.det(ar)   #求行列式的值
-2.0000000000000004
>>> np.linalg.eig(ar)   #特征值和特征向量
(array([-0.37228132,  5.37228132]), array([[-0.82456484, -0.41597356],
       [ 0.56576746, -0.90937671]]))
```

```
>>> np.linalg.inv(ar)    #逆矩阵
array([[-2. ,  1. ],
       [ 1.5, -0.5]])
>>> np.linalg.svd(ar)    #矩阵的奇异值分解
(array([[-0.40455358, -0.9145143 ],
       [-0.9145143 ,  0.40455358]]), array([5.4649857 , 0.36596619]),
array([[-0.57604844, -0.81741556],
       [ 0.81741556, -0.57604844]]))
>>> a,b,c = np.linalg.svd(ar)    #奇异值分解之验证
>>> (a*b).dot(c)
array([[1., 2.],
       [3., 4.]])
>>> np.linalg.solve(ar, np.array([5,7]))    #求解方程组
array([-3.,  4.])
```

上例中，所对应的的方程组为：

$$\begin{cases} x + 2y = 5 \\ 3x + 4y = 7 \end{cases}$$

其解为 $x=-3$，$y=4$。

12.5.4　随机数子模块

Numpy 支持常用的随机数功能，集成在随机数子模块 random 中，一系列函数包括：random、rand、randn、normal、randint 等。下面的程序通过示例和注释来阐明这些函数的含义和用法。

```
>>> np.random.random()    #返回 0~1 间均匀分布的随机数
0.48032704396066117
>>> np.random.random((3,4))    #以 shape 为参数，输出 0~1 间均匀分布的随机数数组
array([[0.94739811, 0.36478753, 0.67020665, 0.43042546],
       [0.16283831, 0.22736705, 0.29551126, 0.60734649],
       [0.1165282 , 0.23895644, 0.23948629, 0.83925791]])
>>> np.random.rand(3,4)    #以 3,4 为参数，输出 0~1 间均匀分布的随机数数组
array([[0.48537578, 0.10834414, 0.96675637, 0.89780582],
       [0.12895986, 0.8232797 , 0.30333762, 0.03901485],
```

```
        [0.58505289, 0.98972182, 0.37130929, 0.24388603]])
```

从上面的例子来看，np.random.random 和 np.random.rand 功能类似，但是对参数的形态要求不同，前者要求参数是 shape，而后者将一系列的参数理解为各个维度的 size。笔者在这两种风格中倾向于前者，即 np.random.random，因为这种参数风格和 reshape、zeros 等保持了一致性。

```
>>> np.random.randn(5) #返回符合均值 0 标准差 1 的正态分布的随机数数组
array([-1.10236446,    -0.00832985,    1.22091712,    -0.47810204,
0.83797344])
>>> np.random.normal(10,1,5) #返回符合均值 10 标准差 1 的正态分布的随机数数组
array([ 8.92699565,  9.99055249, 10.29983713, 10.3254401 , 13.10233642])
>>> np.random.randint(1,3,5) #返回 1~3 之间且不包含终点的随机整数
array([1, 2, 1, 2, 2])
```

此外，该模块还有很多有用的函数，可以通过 dir(np.random)查看。该子模块中的不少函数，在形式和功能上都和 random 模块下的函数类似，但是 np.random 模块能够输出数组形态，因此本书更加推荐使用 np.random 模块。

此外，读者还要学会使用 np.random.seed 函数，该函数通过初始化随机数种子，使得多次运行情况下，所得的随机数是确定的，这项功能在程序调试时往往颇为有用。

```
>>> np.random.seed(1949)
>>> np.random.choice(np.array([1,5,3,7]))
5
>>> np.random.seed(1949) #赋以相同的初始种子
>>> np.random.choice(np.array([1,5,3,7])) #输出相同的结果
5
```

12.5.5 arg 系列方法（函数）

编程实践中，常须要对数组对象进行排序。有时我们需要的是排序后的结果，有时我们需要的第 i-th 大或 i-th 小的索引。带有 arg-前缀的方法返回符合需要的索引值。

argpartition 方法带有 kth 参数，返回的列表表示一系列的索引，在这些索引中，排在 kth 值前面的都是小于 kth 所对应值的索引，排在 kth 后面的都是大于 kth 所对应值的索引。但是前面一半和后面一半都未必是完全排序的。如：

```
>>> #例1
>>> arr = np.array([122,46, 57, 23, 39, 1, 10, 0, 120])
>>> arr.argpartition(2) #k-th 为2，考察原数组中第2小的数为10，结果中2-th 值
```
为6，arr[6]正是10，并且有：结果中6左侧的索引7、5所对应的值均小于10，而6右侧3、4、1、2、0、8所对应的值均大于10。
```
array([7, 5, 6, 3, 4, 1, 2, 0, 8], dtype=int32)
>>> arr[arr.argpartition(2)]
array([ 0,  1, 10, 23, 39, 46, 57, 122, 120])
```

以 partition 方法的结果为索引，可以看到输出并不一定是由小到大的完全排序，但是其必然满足：比 arr[6]小的值均排在了 10 的左侧，而比 arr[6]大的值均排在了 10 的右侧。读者或许会想，要实现这样的效果，只要将数组做完全的排序就可以了。但是，问题在于，如果只须要以某个点作为中间点，将数组进行分割，使用 partition 方法在效率上更高，这正是因为它没有做完全的排序。为了进一步理解此复杂的方法，考察例程 2：

```
>>> #例2
>>> a = np.array([10,9,8,7,6,-8])
>>> a.argpartition(-2) #k-th 为-2，考察原数组中第2大的数为9，结果中-2-th 值
```
为1，a[1]正是9，并且有：结果中1左侧的索引3、5、4、2所对应的值均小于9，而6右侧0所对应的值大于9。
```
array([3, 5, 4, 2, 1, 0], dtype=int32)
>>> a[a.argpartition(-2)]
array([ 7, -8,  6,  8,  9, 10])
```

argsort 方法输出数组排序之后的元素所对应的索引号，例如：

```
>>> ar = np.array([4,3,1,2])
>>> ar.argsort() #结果为（由小到大）排序后对应值的索引。
array([2, 3, 1, 0], dtype=int32)
>>> ar[ar.argsort()]
array([1, 2, 3, 4])
```

argwhere 函数根据条件输出符合条件元素的索引，典型地，它可以用于找出所有的最大值所在的位置，而 argmax 方法仅给出最大值最早出现的位置。如：

```
>>> ar = np.array([3,3,1,2,5,5,4])
>>> ar.argmax() #返回一个 index 值
4
```

```
>>> np.argwhere(ar == ar.max()) #返回全体符合条件的索引值
array([[4],
       [5]], dtype=int32)
>>> np.argwhere(ar > np.median(ar)) #返回大于中位数的值的索引
array([[4],
       [5],
       [6]], dtype=int32)
```

12.5.6 存盘和载入

对大量数据进行计算时，有时候须要把计算结果存盘。数据存盘之后，就不会因为编程环境关闭而丢失，不管这个环境是 Thonny，还是 Jupyter Notebook。存盘和从磁盘载入的程序如下：

```
>>> a = np.arange(5)
>>> #存盘
>>> np.save(r"c:\myfile",a) #得到后缀为 .npy 的文件
>>> b = np.load(r"c:\myfile.npy")
>>> b
array([0, 1, 2, 3, 4])
```

12.6 为何需要数组？

在本章的末尾，让我们再来思考这样的问题，为什么须要设计和使用 Numpy 及其核心对象数组呢？数组中的绝大部分操作，从功能上来看，都可以用 list 来实现。一方面，Numpy 提供更丰富的数组处理函数和方法，这给用户操作带来了便捷。另一方面，从本质上看，处理大规模数据时使用数组效率更高，这源于数组结构精良的底层设计。还有一个原因是数组强制元素的类型一致，而 list 不作如此要求。可以说，list 在获得灵活性的同时，付出了效率低的代价。下面的代码展示了使用 list 和 array 在内存占用和效率上的差别。

```
import sys,time
N = 10000000
ar = np.random.random(N)
```

```
li = ar.tolist()
print(sys.getsizeof(li))
print(sys.getsizeof(ar))
t0 = time.time()
tmp1 = [i**2 for i in li]
t1 = time.time()
tmp2 = ar * ar
t2 = time.time()
print(t1-t0,t2-t1)
```

在笔者的计算机上，输出为：

```
40000036
80000048
6.021610498428345 0.07800006866455078
```

这意味着：对于 10000000 个浮点数这样的规模，数组占用了约 2 倍于列表的内存。但是，对于进行平方这样的计算操作，使用数组的效率比使用列表高了 76 倍。

本章要点

1. array 函数在 Python 的原生对象和数组之间架设了桥梁，使用这一函数将执行内存复制。
2. 熟悉自动生成数组的函数 arange、linspace、ones、zeros、empty、eye 等。
3. 熟悉数组的 reshape 方法和常用属性 ndim、shape、size。
4. 理解数组的索引和切片，以及所得的结果形态。
5. 理解利用布尔值索引和魔法索引，这两种方式都意味着内存复制。
6. 理解数组的广播式运算特征，例如：数组+标量、相同 shape 的数组+数组、一维数组+二维数组。
7. 熟悉常用的数组运算通用函数。
8. 从计算性能的角度理解为何要用数组代替列表。

思考与练习

1. 创建一个一维数组，由全 1 构成但第 60 个（以 0 作为起点）元素为 0，总元素数目为 100。请尝试使用多种方法实现。

2. 创建一个 10 行 10 列的二维数组，使它的所有边界元素都是 1，而内部元素都是 0。请尝试使用多种方法实现。

3. 创建一个 100 行 5 列的二维数组，它的各行元素均为 0、1、2、3、4，请尝试使用多种方法实现。

4. 创建随机整数数组 ar1，使其总长度为 30，且值均介于闭区间[10,99]之间。

   a) 修改数组 ar1，保持其中所有的奇数不变，将所有偶数都减去 1 得到奇数。

   b) 将 ar1 倒序，并赋值给数组 ar2。

5. 执行如下语句：

```
ar = np.random.randint(1,30,(5,9))
```

   计算每一行的极差，将结果保存为 ar1，再计算每一列的极差，将结果保存为 ar2。极差是元素中的最大值-最小值。

6. 不使用循环，找出数组 ar=np.array ([1,2,0,0,4,0])中，所有非 0 元素的索引位置。请尝试使用多种方法。

7. 不使用循环，对于给定的一维数组，在其每两个元素之间插入 3 个 0。

8. 创建一个维度为(2,3,4)的数组，再将其重复(5,6)份，进而构建新的五维数组。

9. 创建一个维度为(6,7)的数组，交换其第 2、4 行。

10. 计算下列两个数组的欧式距离：

    a) ar1 = np.array([1,2,3,2,3,4,3,4,5,6])

    b) ar2 = np.array([7,2,10,2,7,4,9,4,9,8])

11. 下载 github 中的文件 student_no_score.txt，并且输出如下信息：

    a) 所有分数的均值和标准差；

    b) 最高分和对应的学生学号（如果有多个，应一并输出）；

    c) 最低分和对应的学生学号（如果有多个，应一并输出）；

    d) 分数的中位数和众数。

12. 创建一个长度为 100 的一维数组，输出窗口宽度 k=3 时的一系列滑动平均值。

13. 创建一个数组 bc 作为分箱统计值，bc 长度为 10。试创建一个数组 a，使得 np.bincount(a) == bc。

14. 考虑数组：

```
Z = [1,2,3,4,5,6,7,8,9,10,11,12,13,14]
```

    构造数组：

```
R = [[1,2,3,4], [2,3,4,5], [3,4,5,6], ..., [11,12,13,14]]
```

15. 创建一个维度为(10,10)的矩阵，从中提取并输出所有连续的 3*3 方块，提示：共计 64 个。

16. 编写一个函数 calcRank，输入为任意方阵，输出为其秩。

17. 编写一个函数 findNearest，输入为一个数组及给定标量，输出数组中与标量值最接近的元素的 index。

18. 编写一个函数 sort_matrix，输入为一个二维数组和整数 k，输出按照第 k 列进行由小到大排序的二维数组。

19. 编写一个函数 sort_matrix_inplace，输入为一个二维数组和整数 k，将二维数组修改为按 k 列由小到大排序，返回 None。

20. 编写一个函数 find_freq，输入为一个一维整数数组，以一维数组形式输出其中出现最频繁的值，如果有多个，则全部输出。

第 13 章
数据可视化模块 Matplotlib

数据是重要的资源，然而，如果人们只关注数字或数值本身，则很难洞察数据内部蕴含的趋势、分布和对比等潜在规律。因此，对于较大规模数据特别是高维度数据，人们通常用可视化的方法来展现数据的某些特征，以达到了解数据、认识数据的目的。为此，Python 社区推出了可视化模块，如 Pyecharts、Matplotlib 和依托 Matplotlib 的 Seaborn 工具等。Matplotlib 是主流的第三方绘图包，从构词来看：mat 表示 matlab-like，即 matplotlib 这一工具包是受 Matlab 启发而构建的，有向 Matlab 致敬的意味，Matlab 是另一款常用的数值计算和建模分析软件；plot 表示绘图；而 lib 表示 library，即库。本章介绍 Matplotlib 中的常用绘图函数、特色绘图项目和若干数据分布图。

13.1 常用绘图函数

使用 Matplotlib 绘图，必须先导入该模块，并且约定俗成地使用如下导入语句：

```
import matplotlib.pyplot as plt
```

在本章后续介绍中，默认已经安装并载入了 plt 模块，以及数值计算模块 np。

绘图的流程如图 13-1 所示，一般是从创建画布开始，到展示图形结束。中间还包括：创建子图（可选）->选定子图->添加标题->添加 xy 轴名称->修改 xy 轴刻度与范围->绘制图形->添加图例->保存图形等步骤。

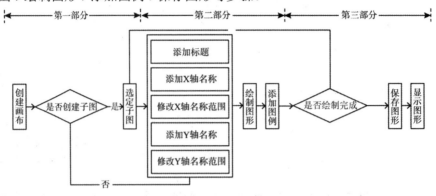

图 13-1　Matplotlib 绘图的流程

13.1.1　简单绘图

如果没有任何实质性的绘制代码，也可以通过创建画布的方式得到空白的图，所以绘图的最少代码如下：

```
>>> plt.figure() #创建画布
<Figure size 640x480 with 0 Axes>
>>> plt.show() #展示图片：本例为空白
```

在执行 plt.show()函数后，Thonny 环境输出空白图片一幅。

【例 13-1】绘制简单图形。

```
dat = np.linspace(0,2,50)
plt.figure() #创建画布
plt.title('This is TITLE')
plt.xlabel('x')
plt.ylabel('y')
plt.xlim((0,2))
plt.ylim((0,3))
plt.plot(dat,np.sin(dat))
plt.plot(dat,dat*dat)
plt.legend(('sin(x)','x^2'))
plt.xticks(np.arange(0,2,0.1))
```

```
plt.savefig('myplt1.png') #保存图形
plt.show()    #展示图形
```

程序点评：代码第 1 行，使用 linspace 函数设置数据点，该函数在区间[0,2]之间设置了等间隔的 50 个数据点，该函数所得结果常用作 x 轴坐标。点数没有严格的要求或约定，可以多一些或少一些，当数目达到 50 时，所呈现曲线比较光滑。

第 2 行 figure 函数创建画布。

第 3~5 行，title、xlabel、ylabel 函数分别绘制标题、x 轴标注和 y 轴标注，它们的参数是字符串。

第 6~7 行，xlim 和 ylim 表示 x 轴的左右界限(limit)，以及 y 轴的上下界限，它们接受元组作为输入参数。

第 8~9 行，使用 plot 函数，以 x 轴坐标（即 dat）以及 y 轴坐标（即 np.sin 函数的结果和取平方计算的结果）进行绘图。

第 10 行，legend 函数绘制图例，其参数同样是一个元组，元组由若干个字符串构成，分别对应先后绘制的图形。也就是说，图例函数 legend 必须在实质绘图操作 plot 之后。而其他修饰性函数，xlabel、title、xlim 等则不必讲究顺序。

第 11 行，修改 x 轴的刻度，将其明确为 0.1。注意：如果在 xticks 中将参数序列的范围扩大到 xlim 之外，例如设为 np.arange(0,3,0.1)，本行将生效，而此前通过 xlim 函数所设定的范围会被突破。

第 12 行，savefig 函数将所绘图形存盘，这一项是可选的。

第 13 行，show 函数展示图形，最终所得图形如图 13-2 所示。

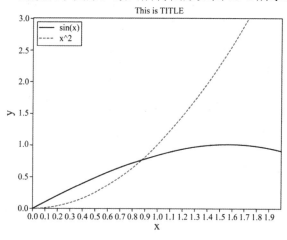

图 13-2　例 13-1 绘图结果

对简单图形的绘图步骤加以总结，有一些常用的修饰性函数，其名称和含义如表 13-1 所示：

表 13-1 绘制简单图形的辅助函数

函数名称	含义
plt.title	设置图的标题
plt.xlabel	设置 x 轴的标注
plt.ylabel	设置 y 轴的标注
plt.xlim	设置 x 轴的界限
plt.ylim	设置 y 轴的界限
plt.xticks	设置 x 轴的刻度
plt.yticks	设置 y 轴的刻度

原来如此

初学者看到如图 13-2 所示的光滑曲线时，可能会对绘图产生误解，认为这些曲线，就如同实际曲线一样，由无数个点组成。而实际上，决定这些线条形状的只能是有限个点。无论如何，将无数个点存储于有限的内存是不可能的。

因此，plot 函数的本质是绘制折线，当所使用的点数足够密集时，这些折线就表现为较为光滑的曲线，本例中点数为 50，已经足以绘出较为光滑的曲线。

本例还可以做一个试验，即将 50 这一数值调低为 5，如此，你将得到由 4 根线段（5 个端点）构成的折线。

13.1.2 绘制子图

通过增加子图的方法，可以在一幅整体的图形中呈现若干幅子图。创建子图使用绘图对象的 add_subplot 方法，其常见参数为：nrows、ncols 和 index。例如：

● 创建 3 行 1 列图形阵列的第 2 幅子图：pic.add_subplot(3,1,2)，此函数中 index 范围为 1 起点，这比较符合人的日常习惯，因此 index 的范围为 1 到 3。

● 创建 2 行 2 列的第 3 幅子图：pic.add_subplot(2,2,3)，此函数中 index 范围为 1 到 4。

此外，add_subplot 的调用主体是画布对象，而不是 plt，因此它是方法。请注意如下示例：

```
pic = plt.figure() #保存画布对象
#创建2行2列的子图，并绘制第1幅
p1 = pic.add_subplot(2,2,1)
plt.text(0.5,0.8,"hello") #在第1幅子图上绘制
#创建2行2列的子图，并绘制第4幅
p2 = pic.add_subplot(2,2,4)
plt.grid() #在第4幅子图上绘制
plt.show()
```

程序点评：本例中第 1 行同样是生成画布对象，但为了后续创建子图，须要取得其返回值。而如果不是为了满足创建子图的需要，figure 函数的返回值可以不用保存，甚至 figure 函数也可以省略。

第 3 行 add_subplot 创建第 1 幅子图，这意味着后续的绘图操作，均在第 1 幅子图上完成。

第 4 行使用 text 函数在画布中输出文本。

第 6 行 add_subplot 创建第 4 幅子图，这意味着后续的绘图操作，均在第 4 幅子图上完成。

第 7 行使用 grid 函数绘制网格。

第 8 行 show 函数呈现整个图形。最终结果如图 13-3 所示。

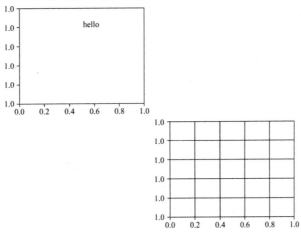

图 13-3　绘制子图

13.1.3 设置 rc 参数

所谓 rc 参数是指资源配置(resource configurations)，一旦代码中修改了资源配置参数 rcParams，整个程序运行期间，参数会一直有效，并不会自动失效。rcParams 是一个字典式的对象，要修改其中的参数，语法形如：

```
plt.rcParams['lines.linewidth']=1.5 #修改默认线条的宽度
```

使用这行代码（修改 rcParams）的好处在于：在一个绘图周期里，所绘制的每一条线都具有 1.5 的线条宽度，因此不必在每个绘图函数中显式地指定 linewidth 参数。plt.rcParams 的大量参数，可以在 help 函数中查得。

经验谈

由于 plt 模块不能很好地支持中文字符，常输出乱码。为此可设置 font.sans-serif 参数，有时还须设置 axes.unicode_minus 参数，使得中文字符正常显示。用法如：

```
plt.rcParams['font.sans-serif']=['SimHei']
plt.rcParams['axes.unicode_minus']=False
```

13.2 特色绘图

13.2.1 散点图

散点图(scatter)是以某一特征为横轴、另一个特征为纵轴，利用坐标点的分布形态来揭示特征间关系的绘图表示，plt 模块使用 scatter 函数来绘制散点图。示例如下：

```
np.random.seed(1949) #随机数播种
x = np.random.randint(1,7,4)
y = np.random.randint(1,7,4)
plt.scatter(x,y,color = 'red') #核心函数
plt.xlim((x.min()-0.5, x.max()+0.5))
plt.ylim((y.min()-0.5, y.max()+0.5))
plt.show()
```

程序点评：上例中，由于我们没有创建子图，并且整个程序只绘制了一幅图，因此可以省略创建画布的 figure 函数。核心函数为第 4 行的 scatter，它使用 x 和 y

两个一维数组作为参数，同时还指定 color 参数为红色。除 color 参数外，scatter 函数还支持如下参数，它们的含义可通过 help 函数查得。

```
'c', 'color', 'edgecolors', 'facecolor', 'facecolors', 'linewidths', 's',
'x', 'y'
```

第 5、6 行设置 xlim 和 ylim，其中元组的两个元素依赖于 x 和 y 的最小值和最大值。这里代码的意图（以 x 轴为例）是：左边界在 x 的最小值左边 0.5 处，右边界在 x 的最大值右边 0.5 处，这样可以保证图形有一定的边界区域，从而外观更加协调。这是处理边界以实现美观常见的做法，当然，更科学的做法是让边界部分的宽度和最大值最小值的差相关联，本例中直接指定为 0.5 只是为了简便。

下面的代码将修改 scatter 函数所在行，得到较为复杂的图形，其中颜色以数组形式构造，size 参数 s 赋为常量。

```
plt.scatter(x,y,color = ['r','y','g','k'], #设置颜色
        edgecolors = ['y','g','k','r'], #设置边线颜色
        s = 200) #设置size
```

最终输出形如图 13-4，本章的彩图可在 github 对应章下查看。

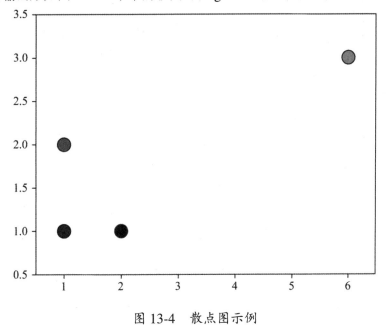

图 13-4　散点图示例

散点图常用来观测两组数据之间的相关关系。例如，通过下面的代码以及其输出图形（略），我们可以看到：物理和数学成绩基本呈正相关关系，而这一关系如果

不通过图示的方法，仅从数据看是很难发觉的。

```
math = np.array([90,60,98,96,85,70,80,84,92,78])
physics = np.array([87,59,95,98,90,75,81,78,90,82])
plt.scatter(math,physics)
plt.show()
```

通过观察变量之间的关系，得出初步结论，然后建立相应的模型，这是数据分析的常用手段，例如：图 13-5 的左侧子图提示我们可以建立二次函数模型。此外，利用散点图，还可以便捷地从一群数据中发现异常点，图 13-5 的右侧子图提示我们 p7 是异常点。

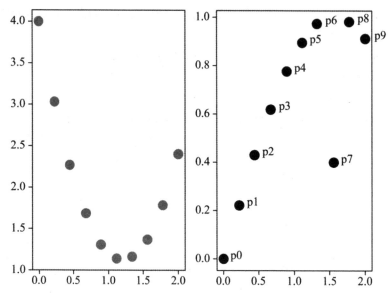

图 13-5   发现散点图中的趋势和异常

知识点

上面的代码中，我们使用了诸如'r','y','g','k'这样的字符串表示颜色，这些字母的涵义分别为 red、yellow、green、black，即红色、黄色、绿色和黑色。类似的表示其他还有一些，详见后文。

但是，如果需要用到更多的颜色，或者某些特别的颜色，还有别的办法吗？和其他编程语言一样，plt 模块支持使用 RGB 三值自定义不同的颜色，因此最多可表示颜色数为 2**24 种。

方法为使用#引导的 6 位 16 进制数，每两位一组表示 RGB 中的一个分量，其值介于[0,0xff]，也就是[0,255]之间。示例如下：

```
color = "#000000" #三分量均为 00，得到纯黑色
color = "#ff0000" #红色分量为 ff，其余为 00，表示红色
color = "#00ff00" #绿色分量为 ff，其余为 00，表示绿色
color = "#0000ff" #蓝色分量为 ff，其余为 00，表示蓝色
color = "#ffff00" #红色和绿色分量组成黄色
color = "#ffffff" #三分量均为 ff，得到纯白色
color = "#123456" #一款自定义的颜色
```

如果在电脑屏幕上捕获到一款合适的颜色，如何获得其 RGB 值呢？在 Windows 系统中，可以使用常规的画图软件中的颜色选取器获取。在别的操作系统中，也可以找到具备类似功能的软件。

13.2.2　气泡图

气泡图本质上是散点图的特例。利用 scatter 函数可以将数组赋值给参数的功能，我们可以将三维、乃至四维的数据用气泡图加以呈现。

【例 13-2】根据数据绘制 age-height 散点图，并且利用 weight 表示点的大小。代码如下（其中含数据）：

```
age = [6,12,17,20,41,56,73]
height = [88,150,172,180,178,176,173]
weight = [15,38,55,57,62,75,62]
plt.scatter(age,height,s = np.array(weight)*5)
plt.show()
```

其中，scatter 函数所在行给 size 参数 s 设置为表示体重的列表，所乘的系数 5 是依赖经验所得，因为如果数值过小，虽然 size 也有差异，也总体都较小。最终结果如图 13-6 所示：

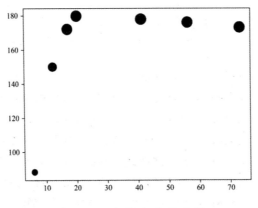

图 13-6　年龄身高气泡图

此外，我们还可以利用颜色参数来区分某一维度。典型情况是这一维度是类别标签，这样，不同的颜色对应不同的类别标签，在视觉上给人一目了然的感受。

【例 13-3】根据表 13-2 的数据绘制昆虫的气泡图，其中尺寸参数和表中重量相关，颜色按照表中分类区分。

表 13-2　两类昆虫数据

翅膀长度	身长	重量	分类
13.8	16.4	10	1
15.6	20.8	14	1
12.3	18.6	26	0
12.8	21	58	0
14.8	18.2	5	1
13	19.6	41	0
12.6	20	40	0
13.4	17.4	13	1
13.8	19	15	1
11.4	17.8	49	0
14	17	12	1
15.4	18.2	18	1
11.8	19.6	32	0
12.4	17.2	53	1

绘图部分核心代码为：

plt.scatter(wing,height,s=10*weight,c=classn)#weight,classn 为来自表中数据的数组。

所得结果见图 13-7。

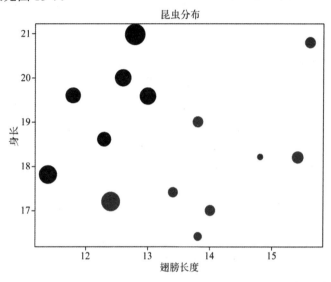

图 13-7 昆虫形态气泡图

13.2.3 折线图

折线图是将数据点按照顺序连接起来的图形，在上一节使用 plot 函数绘制的两条函数曲线就是折线图，只不过由于函数的连续性加之点的数量足够充裕，其形态表现为光滑的曲线。plot 函数的参数形态有多种，常用的几种方式如下：

● plot(x, y)　　　　#使用默认的线型和颜色，以 x,y 的数据为横轴和纵轴坐标绘制图形。

● plot(x, y, 'bo') #以 x,y 的数据为横轴和纵轴坐标绘制图形，但点型为蓝色(b)圆圈(o)。

● plot(y)　　　　　#使用默认的线型和颜色绘图。数据仅一个参数 y，它作为纵轴坐标，横轴坐标为 y 中元素的整数索引，即起点为 0，终点为 len(y)-1。

● plot(y, 'r+')　　　#数据同上，点型为红色(r)加号(+)。

【例 13-4】根据数据绘制 month-PM2.5 折线图，代码如下（其中含数据）：

```
plt.rcParams['font.sans-serif']=['SimHei']
pm25 = np.array([65,57,43,42,35,27,20,19,25,33,39,49])
month = np.arange(1,len(pm25)+1)
plt.title('2018 年各月份杭州市 PM2.5 值')
plt.ylabel ('PM2.5')
plt.xlabel('month')
plt.xticks(month)
plt.plot(month, pm25)
plt.show()
```

程序输出见图 13-8。从图中我们可以初窥 PM2.5 的变化规律，在夏季较低，而在冬、春季节较高。

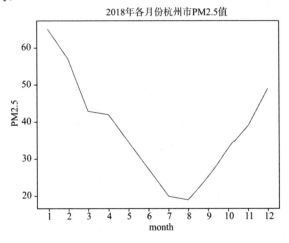

图 13-8　2018 年各月份杭州市 PM2.5 值

图 13-9 展示了 2018 年至 2020 年 3 月杭州市空气指标的值，除了 PM2.5 指标外，还有 PM10、SO2、CO、NO2、O3 等指标。该图意味着完全可以在一幅图中，同时展现由多种不同的点型和线型组合成的不同折线。

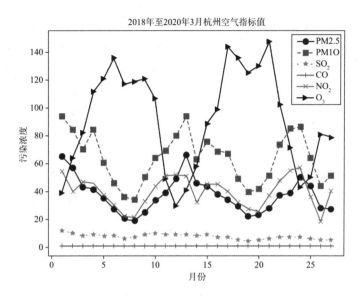

图 13-9　2018 年至 2020 年 3 月杭州空气指标值

图 13-9 所对应的核心代码如下：

```
plt.plot(year,PM25,"-.o",color = "r")
plt.plot(year,PM10,"--s",color = "g")
plt.plot(year,SO2,":*",color = "c")
plt.plot(year,CO,"-+",color = "m")
plt.plot(year,NO2,"-x",color = "y")
plt.plot(year,O3,"->",color = "k")
```

总结以上，常见的绘图参数和值见表 13-3：

表 13-3　常见绘图参数和值

线型符号	含义	颜色字母	含义	点型符号	含义
'-'	实线	b	Blue	'.'	点
'--'	破折线	g	Green	'o'	圆圈
'-.'	点划线	r	Red	's'	正方形
':'	虚线	c	Cyan	'*'	星形
' '	无线条	m/y	Magenta/ Yellow	'+'	加号
		k/w	Black/White	'x'	叉号

【例 13-5】绘制五角星，效果如图 13-10。编程思路：（1）通过极坐标的方式确定 5 个顶点的坐标，并且以最上方点为初始点，其角度为 np.pi/2，然后每旋转五分之一的 2*np.pi，得到下一个点。根据 r 值和角度，计算得出 x 和 y 坐标。（2）对坐标进行切片，连线第 0 号和第 2 号点、第 1 号和第 3 号点、……共连线 5 次。

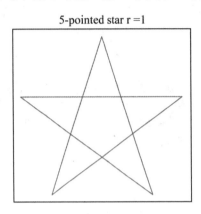

图 13-10　五角星

代码如下：

```
r = 1
theta = np.linspace(0.5*np.pi,4.5*np.pi,11,True)
x = r * np.cos(theta)
y = r * np.sin(theta)
plt.figure()
plt.plot(x[0:3:2],y[0:3:2],'r')
plt.plot(x[1:4:2],y[1:4:2],'r')
plt.plot(x[2:5:2],y[2:5:2],'r')
plt.plot(x[3:6:2],y[3:6:2],'r')
plt.plot(x[4:7:2],y[4:7:2],'r') #line 10
plt.title("5-pointed star r=1")
ax = plt.gca()
ax.set_aspect(1) #设置横轴和纵轴比例一致
plt.xticks([])#隐藏坐标轴刻度
plt.yticks([])
plt.show()
```

程序点评：代码第 2 行，角度分布在 0.5*np.pi 到 4.5*np.pi 之间，也就是跨越了 4*np.pi，共 2 个周期，11 个点，为什么要这么做呢？这是因为，在使用 plot 函数绘制 5 次连线时，如果保持参数的整齐性（而不作分别处理），则最大需要用到的下标为 7，见代码第 10 行。而如果仅保留一个周期的点，则点数为 5，最大下标仅能到达 x[4] 和 y[4]，这样绘图程序（五次调用 plot）虽然可行，但是参数会很难处理，肯定保证不了切片参数的整齐有序。也就是说，为了后续 plot 函数处置的方便，我们宁愿增加变量 theta 的点数，诚然这么做多占用了一小快内存，但好处是后续代码更加清晰可读。

这是编程时处理边界问题常用手法，即在头部或尾部加一些内存，使得对每一个数据的处理方式保持一致。

第 12 和第 13 行，通过设置参数 1，使得横轴和纵轴的比例一致，只有这样五角星才看起来是正五角星的形状，而不是一种扁平的外观。第 14 行通过 xticks 函数，以空列表为参数实现了对坐标轴刻度的隐藏。

知识点

plt 模块绘图时，对坐标轴的常见处理方式有：

```
#设置横轴和纵轴比例一致
x = plt.gca()
ax.set_aspect(1)
#隐藏坐标轴刻度
plt.xticks([])
#隐藏坐标轴
plt.axis("off")
```

13.2.4 条形图

条形图又称柱状图，是由一系列的竖条或横条所构成的绘图，条形的高度（或宽度）对应于数值的大小。绘制条形图的核心函数是 bar，一般用条形图来对比某一指标在不同状态下值的差异。

【例 13-6】绘制某公司各年份产品 1 和产品 2 的销量数据。代码如下（其中含数据）：

```
plt.rcParams['font.sans-serif']=['SimHei']
years = ['2016', '2017', '2018', '2019']
产品 1 = [20, 28, 33, 37]
```

```
产品2 = [28, 29, 31, 34]
x = range(len(years))
plt.bar(x, height=产品1, width=0.3, color='red', label="产品1")
plt.bar([i + 0.4 for i in x], height=产品2, width=0.3, color='green',
label="产品2")
plt.xlabel("年份")
plt.ylabel("数量（万台）")
plt.title("某公司产品销量")
plt.ylim((0,45))
plt.xticks(x,years) #line 12
plt.legend()
plt.show()
```

程序点评：代码第 2~4 行为原始数据。第 6 行绘制产品 1 的条形图，各参数含义相对明确，参数 x 为各个竖条落脚点的坐标。第 7 行绘制产品 2 的条形图，由于其落脚点相对于产品 1 各有一定的偏移（本例中设置偏移量为 0.4），因此使用列表推导式实现，将该列表推导式改写为 np.array(x)+0.4 也可实现同样的效果。

第 12 行 xticks 函数实现了如下效果：将 x 用元素数目相等的字符串列表 years 替代。最终输出见图 13-11。

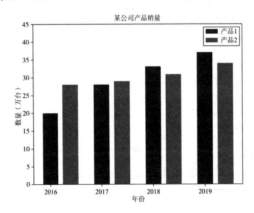

图 13-11　某公司产品销量条形图

在本例中，由于字符串'2016'代替的是数值 0，也就是最左侧柱，但是这样做的一个小瑕疵是字符串'2016'落在了红色柱子的正下方，而不是红绿两根柱子的正中间。如果要实现后者这般效果，就要在 xticks 函数的参数中做点文章，例如可改为：

plt.xticks(np.array(x)+0.2, years)，代码中偏移 0.2 是如何测算出来的，留给读者自行思考。

绘制条形图还存在两种变形，其一是横向的条形图，如图 13-12 所示。

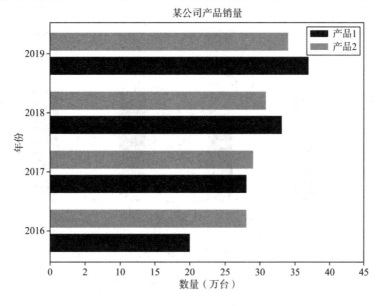

图 13-12　横向条形图

要实现图 13-12 所示的效果，除了核心函数变换为 barh 之外，还要注意：使用 width 表示系列的值，使用 height 表示柱子的宽度。改动部分的相关代码如下：

```
plt.barh(x, width=产品 1, height=0.3, color='red', label="产品 1")
plt.barh(np.array(x)+0.4, width= 产品  2, height=0.3, color='green',
label="产品 2")
```

变形之二是如图 13-13 所示的堆叠状条形图。

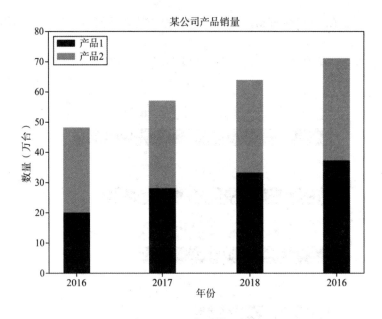

图 13-13　堆叠条形图

要实现图 13-13 所示的效果，只须要配置绿色柱子的 bottom 参数为产品 1，同时保持底座位置不变。改动部分的相关代码如下：

```
plt.bar(x, height=产品2, width=0.3, color='green', label="产品2", bottom = 产品1)
```

13.2.5　直方图

直方图又称质量分布图，它由一系列高低不等的条状图形构成，常用来展现数据分布的情况。其核心函数为 hist（意为 histogram），核心参数为 bins，表示分箱的数目。

【例 13-7】使用 hist 函数创建直方图。

```
data = np.random.randn(10000)
plt.hist(data, bins=40, facecolor="blue", edgecolor="black", alpha=0.7)
plt.xlabel("Values")
plt.ylabel("bins = 40")
plt.show()
```

程序点评：代码第 1 行创建了 10000 个符合标准正态分布的随机数。将 10000

个数分为 40 箱，平均每箱应得 250 个数左右，但是由于 data 服从标准正态分布，因此，在均值 0 附近有最多的点，越往两侧越少，最终的分布形态近似于钟形，见图 13-14。

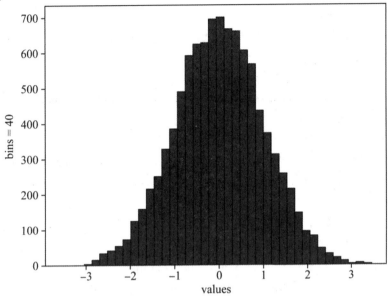

图 13-14　正态分布数据的直方图

其他说明：（1）上述代码多次执行，其输出效果会有变化，因为随机数发生器每次随机产生一组数据，若须要将输出固定，可使用 seed 函数。（2）将分箱的数目调多，输出形状的包络线将更接近光滑的钟形。

【例 13-8】使用 hist 函数创建鸢尾花数据的直方图。鸢尾花数据可从 sklearn 库中导入，sklearn 是机器学习的常用模块。其中的数据集 iris 即鸢尾花数据，该数据集由 Fisher 于 1936 年搜集整理而得，其中包含 150 个数据样本，共 3 类，即 Setosa、Versicolor、Virginica。每类 50 个数据，每个数据包含 4 个属性，即：花萼长度、花萼宽度、花瓣长度、花瓣宽度。iris 数据常用于测试分类模型。创建直方图的代码如下：

```python
from sklearn import datasets
iris = datasets.load_iris()
pic = plt.figure()
col_val = np.linspace(0x100000,0xffff00,3*4) #构造 12 颜色的值
col = ["#"+str(hex(int(i)))[2:] for i in col_val] #构造 12 颜色的字符串
```

```
str_x = ["sepalLength", "sepalWidth", "petalLength", "petalWidth"]
str_y = ["Setosa", "Versicolor", "Virginica"]
for i in range(0,3):
    for j in range(0,4):
        dat = iris.data[i*50:(i+1)*50,j] #获取数据
        no = i*4+j
        p1 = pic.add_subplot(3,4, no+1)
        plt.hist(dat, bins=40, range=(0,10), color=col[no])
        plt.ylim((0,30))
        plt.xticks([]); plt.yticks([])
        if (i==2): plt.xlabel(str_x[j]); plt.xticks(range(0,10,3))
        if (j==0): plt.ylabel(str_y[i]); plt.yticks(range(0,30,6))
plt.show()
```

程序点评：代码第 1、2 行执行从 sklearn 模块导入数据。第 4 行构造 RGB 值，读者可以调整 start 和 stop 两个参数改变数值变化的区间，参数 12 表示共构造 12 个不同的值，和后续的 3 行 4 列 12 幅子图的数目相对应。第 5 行列表推导式将数值变换为字符串，如 0x100000=>"#100000"，这种字符串形式才能作为 hist 函数的参数，其中：

● int(i)将 i 转变为整数；

● hex(int(i))得到 16 进制整数表示；

● str(hex(int(i)))得到对应的字符串形式，含有前缀 0x；

● str(hex(int(i)))[2:]得到不含前缀 0x 的字符串形式；

● "#"+str(hex(int(i)))[2:]得到形如"#100000"的标准形式。

后续采用双重循环进行绘图，并且通过 i,j 的值实现这样的效果：只在最左侧列和最下方行设置坐标轴文本，以及刻度。当然要这样做，前提就得使所有 12 幅子图具有相同的坐标界限，代码中 x 轴的界限由 hist 函数中的 range 参数保证，y 轴的界限由 ylim 函数保证。程序输出效果如图 13-15 所示，可以看出 3 类鸢尾花在花萼长度、花萼宽度、花瓣长度、花瓣宽度上的分布差异。

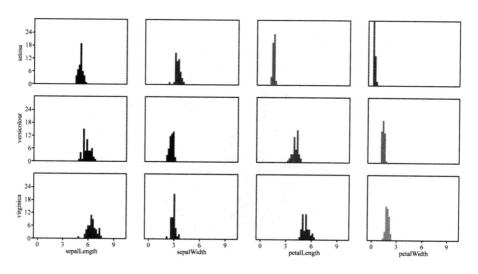

图 13-15　三类鸢尾花特征分布直方图

13.2.6　饼　图

饼图是由多个不同颜色的扇形合成一个整圆的绘图，常用于形象化地展示各部分的占比，绘制饼图使用函数 pie。示例如下：

```
plt.rcParams['font.sans-serif']=['SimHei']
标签 = [str(i+1)+"年级" for i in range(6)]
人数 = [12, 18, 26, 24, 20, 8]
explode = np.zeros(6); explode[0] = 0.1
plt.pie(人数, explode=explode, labels=标签)
plt.legend()
plt.title("各年级参加夏令营人数")
plt.show()
```

程序点评：代码第 4 行设置 explode 参数，其中 explode[0]设置为 0.1，其余为 0，意味着在输出饼图中，一年级的扇形会突出显示，其他扇形不变。输出效果如图 13-16 所示。

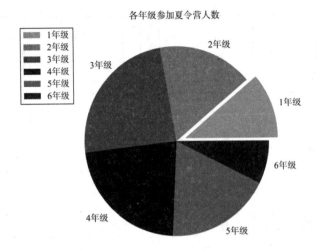

图 13-16   参加夏令营人数的饼图

在饼图中，显示各个扇区的比例数是一个常见的需求，要实现这一效果，可以配置 autopct 参数，如令 autopct='%1.1f%%'。

13.2.7   箱线图

箱线图由箱和线构成，又称盒图。箱线图常用来呈现数据的分布情况，典型的箱线图包含如下数据：中位数、上四分位数、下四分位数、内限、外限、异常值。绘制箱线图使用函数 boxplot，示例如下：

```
np.random.seed(1)
dat1 = np.random.randn(100)
dat1[10] = 3 #构造一个异常值
dat2 = np.sin(dat1)
plt.boxplot([dat1,dat2])
plt.show()
```

程序点评：代码第 2 行构造 100 个符合标准正态分布的随机数，且在第 3 行人为构造了一个异常值，这个值将以圆圈呈现在结果图中。第 4 行使用 np.sin 函数将 dat2 的范围压缩到正负 1 之间，整体输出效果如图 13-17 所示：

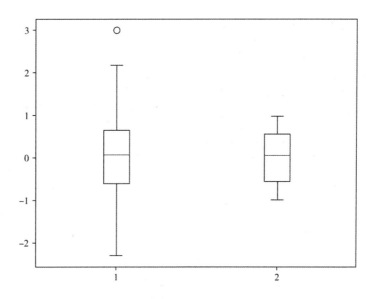

图 13-17　箱线图

　　图中，圆圈表示异常点，除异常点外，五条线分别表示数据的最大值、上四分位数、中位数、下四分位数、最小值。

本章小结

1. 熟悉 Matplotlib 模块中绘图的基本语法和参数。
2. 熟悉子图的添加和绘制，理解 rc 参数的设置以及在正常显示中文方面的应用。
3. 掌握绘制散点图、气泡图和折线图的核心函数和重要参数。
4. 掌握绘制直方图、条形图、饼图、箱线图的核心函数和重要参数。

思考与练习

1. 绘制 $y = 1 + 4e^t \cot(t), 0 \le t \le 6$ 的图形，至少 50 个点。在 x 轴上标注"时间"，y 轴上标注"产值"，图形的标题设为"半年的产值情况"。
2. 在同一幅图中绘制两条曲线，满足 $x \in [0,25]$，至少 50 个点。两曲线方程为：
   a) $y = 2.6e^{-0.5x} \cos(0.5x) + 0.8$
   b) $y = 1.6 \cos(3x) + \sin(x)$

3. 在同一幅画布上绘制两个子图，分别显示下列曲线，数据满足x ∈ [0,25]，至少 50 个点：

   a) $y = \sin(2x)\cos(3x)$

   b) $y = 0.4x$

   要求给每个 x 轴、y 轴添加标注，给每个子图添加标题。

4. 绘图实现图 13-18 所示效果，其中华东六省一市的坐标和人口数据，请从 github 下载文件 7provinces.txt。

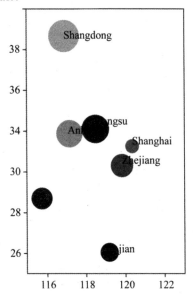

图 13-18　华东六省一市人口

5. 根据表 13-4 数据，绘制条形图。

表 13-4　手机销售数据

手机品牌	第 1 季度	第 2 季度	第 3 季度	第 4 季度
Honor	65	78	82	91
Apple	73	77	79	82
Huawei	28	25	32	37

6. 自行组织或搜集数据，绘制散点图、气泡图、折线图、直方图、饼图、箱线图。

参考文献

［1］韦斯·麦金尼.利用 Python 进行数据分析［M］.徐敬一,译.北京:机械工业出版社,2018.

［2］马克·卢茨.Python 学习手册［M］.秦鹤,刘明,译.北京:机械工业出版社,2018.

［3］艾伦·B.唐尼.像计算机科学家一样思考 Python［M］.赵普明,译.北京:人民邮电出版社,2016.

［4］布雷特·斯拉特金.Effective Python 编写高质量 Python 代码的 59 个有效方法［M］.爱飞翔,译.北京:机械工业出版社,2016.

附录

课程资源网址:https://github.com/zufedataworm/Easy_Python_Tutorial

参考网站:

• 廖雪峰的官方网站:https://www.liaoxuefeng.comwiki1016959663602400

• Python for everyone, Charles R. Severance, https://www.py4e.com

课程资源二维码:

简明**Python**教程